U0234501

CAXA 数控车 2020 自动编程基础教程

主　编　刘玉春

副主编　程　辉　马智敏

参　编　赵金泉　董召辉　操良鸿

图书总码

北京理工大学出版社

BEIJING INSTITUTE OF TECHNOLOGY PRESS

内 容 提 要

本书在介绍 CAXA 数控车 2020 软件和数控编程技术的基础上，通过对典型零件数控编程的详细讲解，向读者清晰地展示了 CAXA 数控车 2020 软件数控加工模块的主要功能和操作技巧。全书共分 6 个项目，项目 1 介绍了 CAXA 数控车 2020 软件操作基础；项目 2 介绍了 CAXA 数控车 2020 平面图形绘制与编辑；项目 3 介绍了 CAXA 数控车 2020 尺寸标注与编辑；项目 4 介绍了 CAXA 数控车 2020 零件车削编程基础；项目 5 介绍了 CAXA 数控车 2020 典型零件车削编程实例；项目 6 介绍了 CAXA 数控车 2020 在数控大赛中的应用实例。本书采用项目案例任务的组织方式，从基础知识入手，通过任务实例讲解操作方法，结构紧凑，图文并茂，内容由浅入深，易学易懂，工学结合，突出了实用性和可操作性，能够让读者很快了解数控编程的工艺和加工的特点，领悟到自动编程操作的精髓，达到事半功倍的效果。本书是一本将纸质教材与数字化资源一体化的新形态教材，配有多媒体视频讲座资源，读者可以通过扫描二维码观看所有章节的操作视频，一步一步地学习如何操作。

本书可以作为机械制造类工程技术人员的参考书，并可以作为高等学校、职业院校等相关专业学生的教材，也可以作为全国数控车床技能大赛参考用书。

版权专有　侵权必究

图书在版编目（CIP）数据

CAXA 数控车 2020 自动编程基础教程/刘玉春主编 . —北京：北京理工大学出版社，2021. 2

ISBN 978 – 7 – 5682 – 9575 – 8

Ⅰ. ①C… 　Ⅱ. ①刘… 　Ⅲ. ①数控机床 – 车床 – 程序设计 – 高等学校 – 教材
Ⅳ. ①TG519. 1

中国版本图书馆 CIP 数据核字（2021）第 033047 号

出版发行／北京理工大学出版社有限责任公司
社　　　址／北京市海淀区中关村南大街 5 号
邮　　　编／100081
电　　　话／（010）68914775（总编室）
　　　　　　（010）82562903（教材售后服务热线）
　　　　　　（010）68948351（其他图书服务热线）
网　　　址／http：//www. bitpress. com. cn
经　　　销／全国各地新华书店
印　　　刷／涿州市新华印刷有限公司
开　　　本／787 毫米×1092 毫米　1/16
印　　　张／17　　　　　　　　　　　　　　　　责任编辑／王玲玲
字　　　数／400 千字　　　　　　　　　　　　　　文案编辑／王玲玲
版　　　次／2021 年 2 月第 1 版　2021 年 2 月第 1 次印刷　　责任校对／刘亚男
定　　　价／76. 00 元　　　　　　　　　　　　　　责任印制／李志强

图书出现印装质量问题，请拨打售后服务热线，本社负责调换

前　　言

为了适应高等教育的发展趋势，按照高等教育教学要求，结合高等教育人才培养模式、课程体系和教学内容等相关改革的要求，参考与多家企业合作教学的经验，在多年来课程改革实践的基础上，以项目为导向，以任务为驱动，以学生职业技能的培养为主线，以"必需、够用"为度，编写了本书，力求课程能力服务于专业能力，专业能力服务于岗位能力，推动高等教育行业化改造。

本书以企业柔性管理系统仿真岗位工作基础操作为根本，以北京数码大方科技有限公司推出的 CAXA 数控车 2020 软件为平台，以数控车工职业标准为依据，以车削内容设计原型为工作任务，让学生全面掌握 CAXA 数控车绘图及自动编程加工等数控车床中级操作基础技术；本着"由易到难、由简到繁，再到综合应用"的原则，将全书分为 6 个项目：项目 1 CAXA 数控车 2020 软件操作基础、项目 2 CAXA 数控车 2020 平面图形绘制与编辑、项目 3 CAXA 数控车 2020 尺寸标注与编辑、项目 4 CAXA 数控车 2020 零件车削编程基础、项目 5 CAXA 数控车 2020 典型零件车削编程实例、项目 6 CAXA 数控车 2020在数控大赛中的应用实例。全书包含 41 个实例任务及 900 多个操作图，文图搭配得当，贴近计算机上的操作界面，步骤清晰明了，便于学生学习。力求使学习者在较短的时间内不仅能够掌握较强的二维绘图方法和数控车自动编程技巧，而且能够真正领悟到 CAXA数控车软件应用的精华，并在每个小任务后都配有课堂练习题，供学生在学完该任务后随堂练习巩固。

本书结构紧凑、特色鲜明。

◆　工学结合，任务驱动方式

本书采用工学结合项目案例任务的组织形式来展开，每个任务包括任务描述、任务解析、任务实施、课堂练习。思路明确，符合学生认知规律，便于学生上机实践。

◆　体现自动编程软件最新技术

本书以最新 CAXA 数控车 2020 软件为平台，详细介绍了其数控车削自动编程方法和多轴加工新方法。

◆　数字化资源一体化

本书是一本将纸质教材与数字化资源一体化的新形态教材，全部任务实例操作过程都录制成视频，配有多媒体视频讲座资源，读者可以通过扫描二维码观看所有项目任务的操作视频，做到课内教师视频操作示范，学生看书一步一步模仿操作，最后通过课堂练习自测巩固，从而提高课堂教学效果。为了方便教师教学和读者自学参考，本书还提供全部实例素材源文件和教学课件。

◆ 循序渐进的课程讲解

编者结合多年的教学和实践，按照数控车床编程学习的领会方式，由浅入深、循序渐进的学习顺序，从简单的直线绘制开始，到复杂的螺纹循环加工，对每一个指令功能详细讲解，并提示操作技巧，相信只要按照书中的编写顺序进行自动编程学习，一定可以事半功倍地达到学习目的。

◆ 融入全国数控车削技能大赛考题

CAXA 数控车软件是全国高职和中职数控车削技能大赛指定软件之一，如今已得到学校和企业广泛认可。有了 CAXA 这个编程"利器"，可以让困于手动编程中节点计算问题的选手得到解放；在平时的训练中，这种手工编程和自动编程组合完成全部加工的形式也应用得最多。本书中部分例题和练习题选用了全国数控车技能大赛考题或者训练题，相信读者通过系统的学习和实际操作，可以达到相应的技术水平。本书可以作为机械制造类工程技术人员的参考书，并可以作为高等学校、职业院校等相关专业学生的教材，也可以作为全国数控车床技能大赛参考用书。

本书由甘肃畜牧工程职业技术学院刘玉春主编。具体编写分工如下：项目 1 由孝昌县中等职业技术学校董召辉编写；项目 2 由宁夏回族自治区中卫市职业技术学校赵金泉编写；项目 3 和项目 4 由甘肃畜牧工程职业技术学院刘玉春编写；项目 5 由定西工贸中等专业学校马智敏编写；项目 6 由甘肃有色冶金职业技术学院程辉编写。在教材的编写过程中，得到了生产一线技术人员江苏省常州市通用新材料科技有限公司操良鸿的建议和指导。编者在此对所有提供帮助和支持本书编写的人员表示衷心的感谢！

为便于读者学习，免费赠送全书实例源文件及章节 PPT 资源，可通过联系 QQ1741886042 获取。由于编著者水平有限，加之时间仓促，书中不妥之处难免，敬请读者批评指正。

目　　录

项目 1
CAXA 数控车 2020 软件操作基础

CAXA 数控车 2020 软件是在全新的数控加工平台上开发的数控车床加工编程和二维图形设计软件。CAXA 数控车 2020 软件具有 CAD 软件的强大绘图功能和完善的外部数据接口，可以绘制任意复杂的图形，同时，该软件具有轨迹生成及通用后置处理功能，可以按照加工要求生成各种复杂图形的加工轨迹。本项目主要学习 CAXA 数控车 2020 软件的基本操作、系统设置及应用、简化命令及快捷键使用、控制图形的显示和坐标输入方法。

任务 1.1 CAXA 数控车 2020 软件操作界面介绍

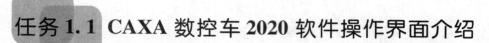

CAXA 数控车 2020
软件操作界面介绍

1.1.1 任务描述

CAXA 数控车 2020 软件采用普遍流行的 Fluent/Ribbon 图形用户界面。新的界面风格更加简洁、直接，使用者可以更加容易地找到各种绘图命令，交互效率更高。同时，新版本保留原有 CAXA 风格界面，并通过快捷键切换新老界面，方便老用户使用。本任务主要引导大家熟悉 CAXA 数控车 2020 软件经典风格界面和 Fluent 风格界面的基本使用方法。

1.1.2 任务解析

用户界面（简称界面）是交互式绘图软件与用户进行信息交流的中介。系统通过界面反映当前信息状态或将要执行的操作，用户按照界面提供的信息做出判断，并经由输入设备进行下一步的操作。因此，用户界面被认为是人机对话的桥梁。

CAXA 数控车 2020 软件的用户界面包括两种风格：最新的 Fluent 风格界面和经典界面。新风格界面主要使用功能区、快速启动工具栏和菜单按钮访问常用命令。经典风格界面主要通过主菜单和工具条访问常用命令。除了这些界面元素外，还包括状态栏、立即菜单、绘图区、工具选项板、命令行等。

1.1.3 任务实施

1. CAXA 数控车 2020 软件界面切换。

在经典界面下的主菜单中单击"工具"→"界面操作"→"切换"，就可以切换到 Fluent 风格界面。该功能的快捷键为 F9，如图 1 – 1 所示。

在 Fluent 风格界面下的功能区中单击"视图"→"界面操作"→"切换"，就可以切换到经典界面。该功能的快捷键为 F9，如图 1 – 2 所示。

2. CAXA 数控车 2020 软件界面功能简介。

主菜单位于屏幕的顶部，它由一行菜单条及其子菜单组成，包括"文件""编辑""视图""格式""幅面""绘图""标注""修改""工具""数控车""帮助"等菜单项。单击任意一个菜单项（例如"标注"），都会弹出它的子菜单。单击子菜单上的图标即可执行对应命令。

工具条也是很经典的交互工具。利用工具条，可以在 CAXA 数控车 2020 界面中通过单击功能图标按钮直接调用功能。工具条可以自定义位置和是否显示在界面上，也可以建立全新的工具条。

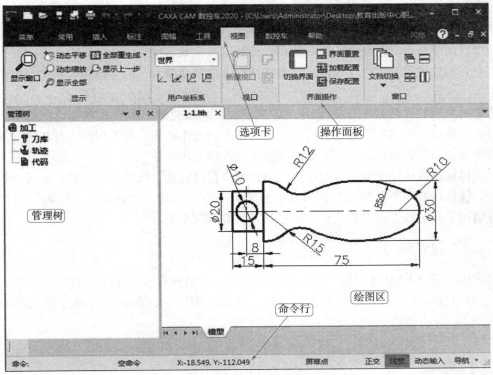

图 1 − 1　Fluent 风格界面

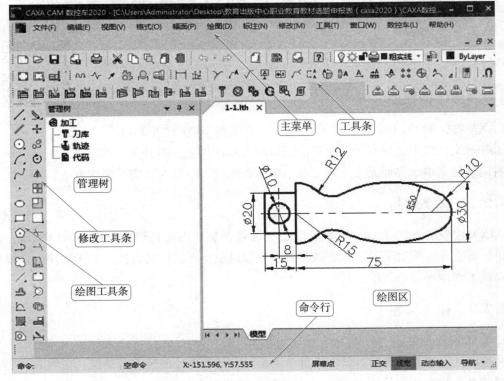

图 1 − 2　经典界面

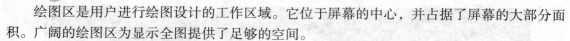

绘图区是用户进行绘图设计的工作区域。它位于屏幕的中心，并占据了屏幕的大部分面积。广阔的绘图区为显示全图提供了足够的空间。

命令行用于显示当前命令的执行状态，并且可以记录本次程序开启后的操作。如果在选项中将交互模式设置为关键字风格，那么在执行一部分命令时，命令行还起到交互提示工具的作用。

管理树是 CAXA 数控车 2020 新增的一项功能，它以树形图的形式直观地展示了当前文档的刀具、轨迹、代码等信息，并提供了很多树上的操作功能，便于用户执行各项与数控车相关的命令。善用管理树，将大大提高数控车软件的使用效率。

管理树框体默认位于绘图区的左侧，用户可以自由拖动它到喜欢的位置，也可以将其隐藏起来。管理树有一个"加工"总节点，总节点下有"刀库""轨迹""代码"三个子节点，分别用于显示和管理刀具信息、轨迹信息和 G 代码信息。

1.1.4　课堂练习

试试按快捷键 F9 切换到新界面，在功能区上单击鼠标右键，在弹出的菜单中选择"自定义"，弹出自定义窗口，然后单击工具栏，选择编辑工具，在软件界面左侧出现修改工具条。

任务 1.2　CAXA 数控车 2020 软件的基本操作

1.2.1　任务描述

CAXA 数控车 2020
软件的基本操作

CAXA 数控车 2020 软件兼容了 CAXA 电子图板 2020 软件的功能，优化了并行交互技术、动态导航及双击编辑等方面的功能。本任务主要学习右键快捷菜单、界面元素配置菜单、状态条配置菜单和对象交互操作方法。

1.2.2　任务解析

CAXA 数控车 2020 软件不管是绘图还是编程，都使用鼠标键来操作，所以学习右键快捷菜单、界面元素配置菜单、状态条配置菜单和对象交互操作的方法，对于加快软件操作速度、提高工作效率很有帮助。

1.2.3　任务实施

1. 右键快捷菜单。

在绘图区选择要操作的对象，通过单击鼠标右键调出绘图区右键菜单，如图 1 - 3 所示。在不同的命令状态或者拾取状态下，绘图区右键菜单中的内容也会有所不同。例如，在选中标题栏等实体的状态下，绘图区右键菜单会比在空命令下多出一些内容，而基本编辑操作的选项会减少。在绘图区右键菜单中选择相应的命令，就可以对所选择对象的执行操作。

2. 界面元素配置菜单。

在功能区、快速启动工具栏、工具条缓冲区等位置单击鼠标右键，可以呼出界面元素配置菜单，如图 1－4 所示。该菜单可以对快速启动工具栏和功能区的状态进行设置，并且无论在新老界面中，都可以控制功能区、主菜单、命令行、设计中心、管理树、立即菜单、状态条、全部工具条等界面元素是否显示在界面中。

图 1－3　绘图区右键菜单

图 1－4　界面元素配置菜单

3. 状态条配置菜单。

状态条配置菜单用于控制状态条上各种功能元素的有无。可以开关的元素有命令输入区、当前命令提示、当前坐标、正交切换按钮、显示线宽切换按钮、动态输入开关按钮和智能点捕捉模式切换按钮，如图 1－5 所示。

4. 对象操作。

在绘图区绘制的各种曲线、文字、块等绘图元素实体，被称为图元对象，简称对象。

拾取对象的方法可以分为点选、框选和全选。被选中的对象会被加亮显示。加亮显示的具体效果可以在系统选项中设置。

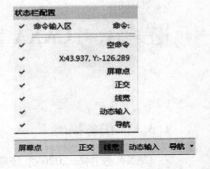

图 1－5　状态条配置菜单

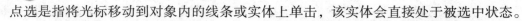
点选是指将光标移动到对象内的线条或实体上单击，该实体会直接处于被选中状态。

框选是指在绘图区选择两个对角点形成选择框拾取对象。框选不仅可以选择单个对象，还可以一次选择多个对象。框选可以分为正选和反选两种形式。

正选是指在选择过程中，第一角点 *A* 在左侧、第二角点 *B* 在右侧（即第一点的横坐标小于第二点）。正选时，选择框色调为蓝色，框线为实线。在正选时，只有对象上的所有点都在选择框内时，对象才会被选中，如图 1-6 所示。

反选是指在选择过程中，第一角点 *A* 在右侧、第二角点 *B* 在左侧（即第一点的横坐标大于第二点）。反选时，选择框色调为绿色，框线为虚线。在反选时，只要对象上有一点在选择框内，则该对象就会被选中，如图 1-7 所示。

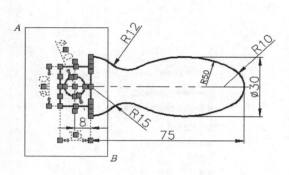

图 1-6　正选对象

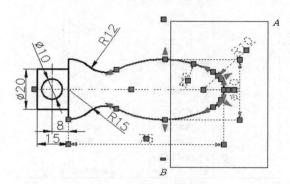

图 1-7　反选对象

1.2.4　课堂练习

1. 在 CAXA 数控车中，鼠标的左键和右键的作用分别有哪些？
2. 在 CAXA 数控车中，当按下 F8 键时，绘图时有什么变化？
3. 什么是工具菜单和立即菜单？怎样激活？
4. 试试用点选、框选和全选三种方法拾取对象，它们有什么不同？

任务 1.3　CAXA 数控车 2020 软件系统设置及应用

1.3.1　任务描述

在 CAXA 数控车 2020 系统选项设置模块中，可以通过调整这些系统设置来满足各种需求或使用习惯，提高效率。

CAXA 数控车 2020
软件系统设置及应用

1.3.2　任务解析

系统选项设置常用参数包括文件路径设置、显示设置、系统参数设置、交互设置、文字设置、数据接口设置、智能点工具设置和文件属性设置。本任务主要学习系统选项设置的内容及设置方法。

1.3.3　任务实施

单击"工具"选项卡"选项"面板的▣按钮。执行"系统设置"命令后，弹出如图 1-8 所示的对话框。对话框左侧为参数列表，单击选中每项参数后，可以在右侧区域进行设置。

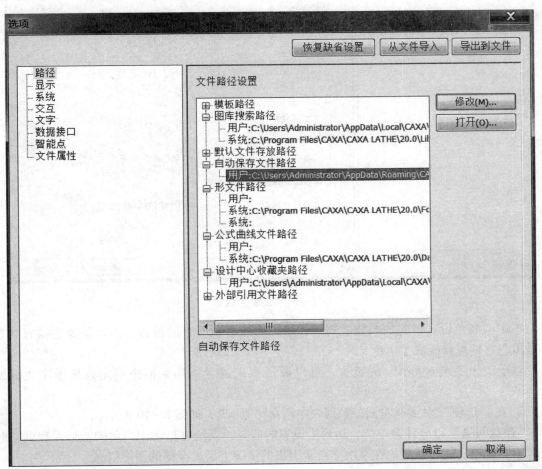

图 1-8　选项设置对话框

1. 在"选项"对话框左侧参数列表中选择"路径"，如图 1-8 所示。在此对话框内选择一个路径后，即可打开该路径或进行修改。其中系统路径是默认路径，用户可以打开，但不能修改；用户路径是用户自定义路径，可以打开和修改，主要用于定义文件保存路径。

2. 在"选项"对话框左侧参数列表中选择"显示",如图 1 – 9 所示。

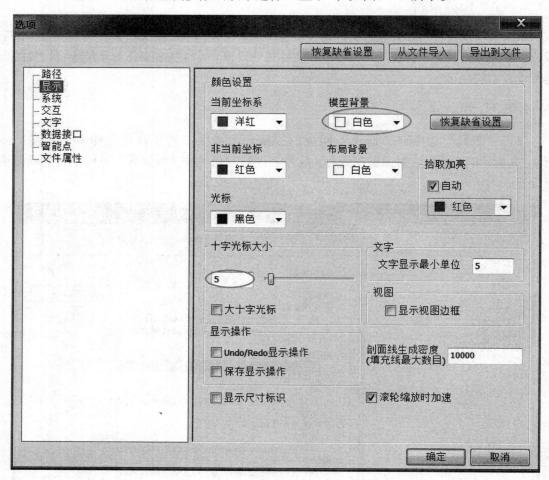

图 1 – 9 "显示"设置

单击"颜色设置"每项参数的列表,可以修改各项颜色的设置,如背景颜色缺省状态下是黑色,这里修改成了白色。

对于"十字光标大小"的设置,可以通过输入或者拖动手柄来指定系统十字光标的大小。

3. 在"选项"对话框左侧参数列表中选择"系统",如图 1 – 10 所示。

"存盘间隔"以分钟为单位,达到所设置的值时,系统将自动把当前的图形保存到临时目录中。此项功能可以避免在系统非正常退出的情况下丢失全部的图形信息。

4. 在"选项"对话框左侧参数列表中选择"交互",如图 1 – 11 所示。

在"拾取框"下边,拖动滚动条可以指定拾取状态下光标框的大小。向右拖动滚动条,拾取光标框增大;向左拖动滚动条,拾取光标框缩小。

5. 在"选项"对话框左侧参数列表中选择"智能点",如图 1 – 12 所示。

软件提供了多种拾取和捕捉工具,可以提高对象拾取和捕捉效率。单击"对象捕捉"选项卡,可以设置对象捕捉参数。

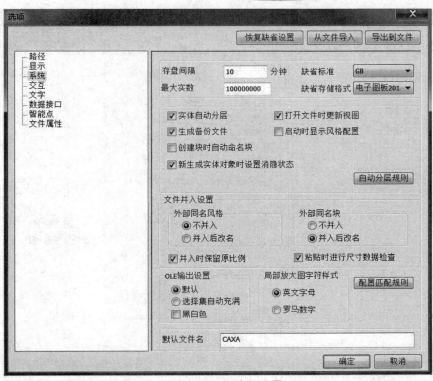

图 1 - 10　"系统"设置

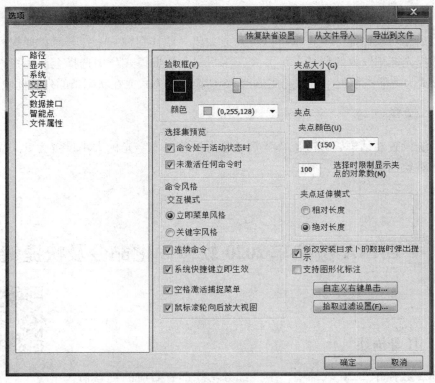

图 1 - 11　"交互"设置

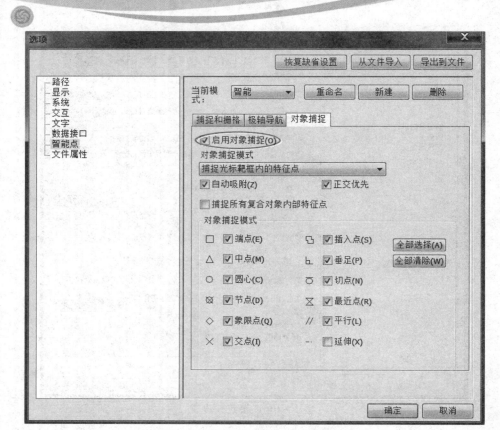

图 1-12　智能点设置

选中"启用对象捕捉"复选框可以打开或关闭对象捕捉模式。打开对象捕捉模式后，可以选择"捕捉光标靶框内的特征点"方式，在"对象捕捉模式"中选择全部捕捉方式。系统默认捕捉方式为智能点捕捉，可以利用热键 F6 切换捕捉方式或在状态条的列表框中进行切换。

1.3.4　课堂练习

打开系统设置对话框，修改屏幕背景颜色为白色，十字光标大小设置为 5，调整拾取框大小，启用对象捕捉方式。

任务 1.4 CAXA 数控车 2020 软件简化命令及快捷键使用

1.4.1　任务描述

在 CAXA 数控车 2020 软件中，绝大部分功能都有对应的键盘命

CAXA 数控车 2020 软件
简化命令及快捷键使用

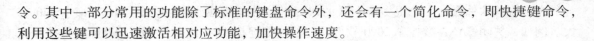

令。其中一部分常用的功能除了标准的键盘命令外，还会有一个简化命令，即快捷键命令，利用这些键可以迅速激活相对应功能，加快操作速度。

1.4.2　任务解析

键盘输入方式是由键盘直接键入命令或数据。它适用于习惯使用键盘操作的用户。键盘输入要求操作者熟悉软件的各条命令及它们相应的功能，否则，将给输入带来困难。实践证明，键盘输入方式比菜单选择输入效率更高。

1.4.3　任务实施

简化命令往往拼写十分简单，便于输入调用功能。如直线功能的简化命令是 L、平行线功能的简化命令是 LL、圆功能的简化命令是 C、删除功能的简化命令是 E、裁剪功能的简化命令是 TR、尺寸标注功能的简化命令是 D 等。

在工具条或功能区上单击鼠标右键，在弹出的菜单中选择"自定义"，打开"自定义"对话框。在对话框中单击"键盘命令"标签，如图 1-13 所示。可以查看和自定义快捷键命令。

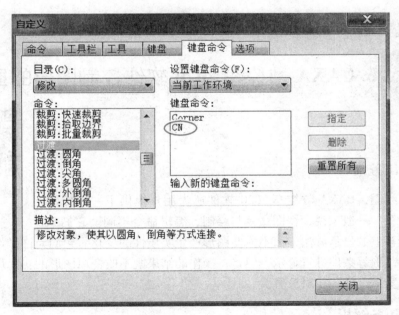

图 1-13　"自定义"对话框

简化命令也是一种键盘命令。由于 CAXA 数控车 2020 软件支持一个功能对应若干个键盘命令，简化命令才得以存在。简化命令和普通的键盘命令一样，可以在界面"自定义"对话框中进行自定义，自定义的方法与定义键盘命令也是相同的。

快捷键又叫快速键或热键，是指通过某些特定的按键、按键顺序或按键组合来完成一个操作。不同于键盘命令的是，按下快捷键后，需要调用的功能会立即执行，不必如键盘命令那样在键盘上按 Enter 键后才调用功能。因此，使用快捷键调用命令可以大幅提高绘图效率。

在常规的软件设计中，很多组合式的快捷键往往与键盘上的功能键 Alt、Ctrl、Shift 有关。例如，关闭 CAXA 数控车 2020 软件功能的快捷键是 Alt + F4、样式管理功能的快捷键是 Ctrl + T、另存文件功能的快捷键是 Ctrl + Shift + S 等。

非组合式的快捷键主要是键盘最上方的 Esc 键和 F 系列功能键（F1 ~ F12）。其中 Esc 键在取消拾取、退出命令、关闭对话框、中断操作等方面有广泛的应用。大部分的操作或者特殊状态都可以通过按下 Esc 键退出或消除。

CAXA 数控车 2020 软件默认的快捷键设置尽量保证了一般软件的操作习惯，如剪切为 Ctrl + X、复制为 Ctrl + C、粘贴为 Ctrl + V、撤销操作为 Ctrl + Z、恢复操作为 Ctrl + Y、打开文档为 Ctrl + O、关闭文档为 Ctrl + W 等。

1.4.4　课堂练习

在工具条或功能区上单击鼠标右键，在弹出的菜单中选择"自定义"，在弹出的"自定义"对话框中单击"键盘命令"标签，选中一个命令后，单击"输入新的键盘命令"下方的输入框，输入命令后，再单击"指定"按钮即可。选中一个已指定的键盘命令后，可以单击"删除"按钮，进行删除操作。

任务 1.5　CAXA 数控车 2020 软件控制图形的显示

1.5.1　任务描述

为了便于绘图，CAXA 数控车 2020 软件还为用户提供了一些控制图形显示的命令。一般来说，视图命令与绘制、编辑命令不同。它们只

CAXA 数控车 2020
软件控制图形的显示

改变图形在屏幕上的显示方法，而不能使图形产生实质性的变化。它们允许操作者按期望的位置、比例、范围等条件进行显示，但是，操作的结果既不改变原图形的实际尺寸，也不影响图形中原有实体之间的相对位置关系。

1.5.2　任务解析

视图命令的作用只是改变主观视觉效果，而不会使图形产生客观的实际变化。图形的显示控制对绘图操作，尤其是绘制复杂视图和大型图纸时具有重要作用，在图形绘制和编辑过程中要经常使用它们。

1.5.3　任务实施

视图控制的各项命令安排在"视图"选项卡中，单击"显示"面板，如图 1 – 14 所示。

图 1 – 14　"显示"面板

1. 动态平移。

用鼠标单击"视图"功能区"显示"面板上的"动态平移"选项，光标变成动态平移图标。按住鼠标左键，移动鼠标就能平行移动图形。单击鼠标右键，可以结束动态平移操作。

另外，按住鼠标中键并拖动鼠标也可以实现动态平移，并且这种方法更加快捷、方便。

2. 全部重新生成。

圆和圆弧等元素都是由一段一段的线段组合而成的，当图形放大到一定比例时，会出现显示失真的效果。用鼠标单击"显示"面板上的"全部重生成"选项，可以将显示失真的图形按当前窗口的显示状态进行重新生成。

3. 动态缩放。

用鼠标单击"显示"面板上的"动态缩放"选项，即可激活该功能。鼠标变成动态缩放图标，按住鼠标左键，鼠标向上移动为放大，向下移动为缩小。单击鼠标右键可以结束动态缩放操作。

另外，滚动鼠标中键也可以实现动态缩放，并且这种方法更加快捷、方便。

1.5.4　课堂练习

试试按住鼠标中键并拖动鼠标来动态平移图形；用滚轮缩小和放大图形。

任务 1.6　CAXA 数控车 2020 软件点的坐标输入方法

1.6.1　任务描述

CAXA 数控车 2020 软件除了提供常用的键盘输入和鼠标单击输入方式外，还设置了智能点捕捉和工具点捕捉的捕捉工具。

CAXA 数控车 2020 软件
点的坐标输入方法

1.6.2　任务解析

点是最基本的图形元素，点的输入是各种绘图操作的基础。因此，各种绘图软件都非常重视点的输入方式的设计，力求简单、迅速、准确。系统提供了点工具菜单，可以利用点工具菜单来精确定位一个点。使用键盘的空格键来激活点工具菜单。

1.6.3　任务实施

1. 由键盘输入点的坐标。

点在屏幕上的坐标有绝对坐标输入和相对坐标输入两种方式。它们在输入方法上是完全不同的，初学者必须正确地掌握它们。

绝对坐标是指相对绝对坐标系原点的坐标。它的输入方法很简单，可以直接通过键盘输入 x,y 坐标，但 x,y 坐标值之间必须用英文逗号隔开。例如：40,60。

相对坐标是指相对系统当前点的坐标，与坐标系原点无关。输入时，为了区分不同性质的坐标，CAXA 数控车 2020 软件对相对坐标的输入做了如下规定：输入相对坐标时，必须在第一个数值前面加上一个符号@，以表示相对。例如，输入"@60,85"，它表示相对上一点来说，输入了一个 x 增量坐标为"60"、y 增量坐标为"85"的点。另外，相对坐标也可以用极坐标的方式表示。例如，@60 < 85 表示输入了一个相对当前点的极坐标。相对当前点的极坐标半径为 60，半径与 x 轴的逆时针夹角为 85°。

2. 鼠标输入点的坐标。

鼠标输入点的坐标就是通过移动十字光标选择需要输入的点的位置。选中后按下鼠标左键，该点的坐标即被输入。鼠标输入的都是绝对坐标。用鼠标输入点时，应一边移动十字光标，一边观察屏幕底部的坐标显示数字的变化，以便尽快较准确地确定待输入点的位置。

鼠标输入方式与工具点捕捉配合使用可以准确地定位特征点，如端点、切点、垂足点等。用功能键 F6 可以进行捕捉方式的切换。

3. 工具点的捕捉。

工具点就是在作图过程中具有几何特征的点，如圆心点、切点、端点等。

所谓工具点捕捉，就是使用鼠标捕捉工具点菜单中的某个特征点。在用户作图过程中，需要输入特征点时，只要按下空格键，即在屏幕上弹出工具点菜单。

工具点的默认状态为屏幕点，用户在作图时拾取了其他的点状态，即在提示区右下角工具点状态栏中显示出当前工具点捕获的状态。但这种点的捕获只能一次有效，用完后立即自动回到"屏幕点"状态。

工具点的捕获状态的改变，用户在输入点状态的提示下，可以直接按相应的键盘字符（如"E"代表端点、"C"代表圆心等）进行切换。

1.6.4 课堂练习

在 CAXA 数控车中，当系统要求输入点时，使用数值键可以输入坐标值。如果坐标值以 @ 开始，则表示相对于前一个输入点的相对坐标，按 Enter 键可以结束此命令。

任务 1.7 CAXA 数控车 2020 软件基本操作实例

1.7.1 任务描述

绘制如图 1 - 15 所示的手柄零件图。

CAXA 数控车 2020
软件基本操作实例

1.7.2 任务解析

该手柄零件图主要由相切圆弧组成，按照平面图形绘图方法，先画已知线段，如 R10 和 R15 圆弧，再画中间线段，如 R50 圆弧，最后画连接线段 R12 圆弧。通过本任务，主要学习 CAXA 数控车 2020 软件的系统设置、图层设置、快捷键使用、正交方式、捕捉方式、显示方式、简单绘图和文件存储方法。

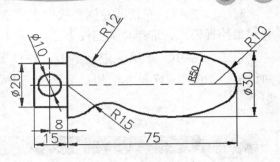

图 1-15 手柄零件图

1.7.3 任务实施

1. 单击"工具"功能区"选项"面板的 ☑ 按钮，弹出如图 1-16 所示的对话框。在"选项"对话框左侧参数列表中选择"显示"，背景颜色修改成白色，十字光标大小设置为 6。

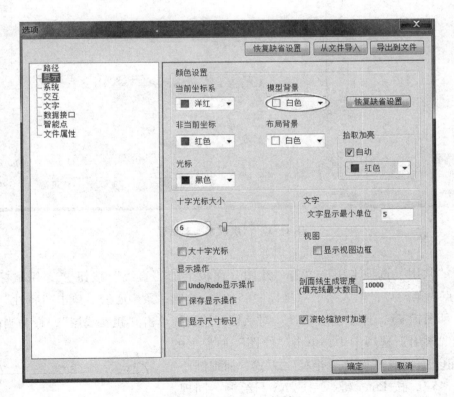

图 1-16 "选项"对话框

2. 在"选项"对话框左侧参数列表中选择"交互"。在"拾取框"下边，拖动滚动条适当调整拾取光标框的大小。

3. 在"选项"对话框左侧参数列表中选择"智能点",单击"启用对象捕捉"可以打开对象捕捉模式,选择全部捕捉方式。

4. 在"常用"选项卡中,单击"特性"面板上的"图层"图标，打开"层设置"对话框,如图 1 – 17 所示。用鼠标单击"中心线层",单击"设为当前"按钮,颜色设置为黑色。

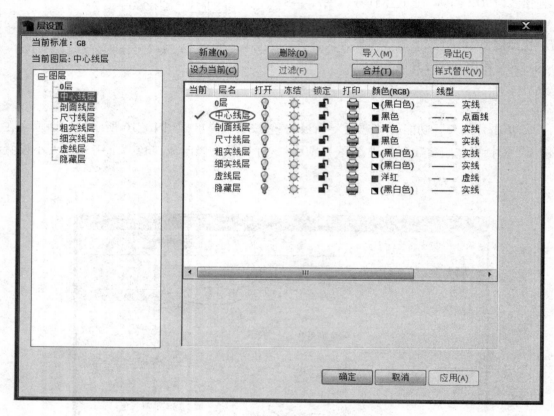

图 1 – 17 "层设置"对话框

5. 在"常用"选项卡中,单击"绘图"面板上的"直线"按钮，用鼠标捕捉系统坐标原点为第一点,输入第二点坐标"85,0",绘制一条中心线。单击"特性"面板上的"图层"图标，打开"层设置"对话框,用鼠标单击"粗实线层",设为当前层。

6. 在"常用"选项卡中,单击"绘图"面板上的"圆"按钮，选择"圆心 – 半径"方式,捕捉圆心,输入半径"5",按 Enter 键,完成 R5 圆绘制。同理,在坐标"73,0"的位置绘制 R10 的圆,如图 1 – 18 所示。

图 1 – 18 绘制中心线和圆

7. 按 F8 键，在正交状态下，单击"绘图"面板上的"直线"按钮 $\diagup$，输入第一点坐标"−7,0"，鼠标向上指引，输入距离"10"；鼠标向右指引，输入距离"15"；鼠标向上指引，输入距离"5"；鼠标向右指引，输入距离"75"，如图 1−19 所示。

8. 在"常用"选项卡中，单击"绘图"面板上的"圆"按钮 $\oslash$，选择"两点−半径"方式，按空格键，在弹出的"立即"菜单上选择切点捕捉方式，捕捉 A 切点。再按空格键，在弹出的立即菜单上选择切点捕捉方式，捕捉 B 切点。拉动鼠标，输入半径"50"，按 Enter 键，完成 R50 相切圆绘制，如图 1−20 所示。

图 1−19　绘制轮廓线

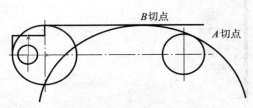

图 1−20　绘制 R50 相切圆

9. 在"常用"选项卡中，单击"绘图"面板上的"圆"按钮 $\oslash$，选择"两点−半径"方式，按空格键，在弹出的"立即"菜单上选择切点捕捉方式，捕捉 A 切点。再按空格键，在弹出的"立即"菜单上选择切点捕捉方式，捕捉 B 切点。拉动鼠标，输入半径"12"，按 Enter 键，完成 R12 相切圆绘制，如图 1−21 所示。

10. 在"常用"选项卡中，单击"修改"面板上的"裁剪"按钮 $\curlyvee$，单击多余线，裁剪多余线。单击"修改"面板上的"删除"按钮 $\diagdown$，删除多余辅助线，结果如图 1−22 所示。

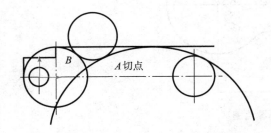

图 1−21　绘制 R12 相切圆

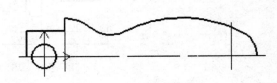

图 1−22　修剪多余线

11. 在"常用"选项卡中，单击"修改"面板上的"镜像"按钮 $\triangle$，在"立即"菜单中，选择拷贝方式，选择上部要镜像的线，再选择镜像轴线，完成镜像操作，结果如图 1−23 所示。

12. 单击主菜单中的文件"保存"按钮 $\blacksquare$，弹出"另存文件"对话框，如图 1−24 所示。选择存盘路径后，在对话框的"文件名"输入框内输入一个文件名，单击"保存"按钮，系统即按所给文件名存盘。

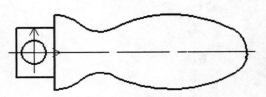

图 1−23　镜像图形

图 1-24 "另存文件"对话框

1.7.4 课堂练习

绘制如图 1-25 所示的轴类零件图。

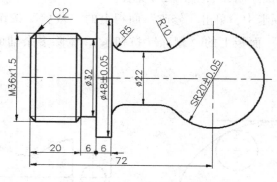

图 1-25 轴类零件图

项目 2
CAXA 数控车 2020 平面
图形绘制与编辑

　　使用 CAXA 数控车 2020 软件自动编写加工程序的过程实际包含三大部分：第一是创建图形，利用各种绘图工具绘制各种曲线和图形；第二是在图形创建后，对已经绘制的图形进行编辑修改，因此，编辑修改功能是所有计算机绘图软件不可缺少的基本功能；第三才是生成刀路轨迹，编写加工程序。本项目主要学习 CAXA 数控车 2020 软件的直线绘制、圆及圆弧绘制、椭圆轴绘制、反光杯抛物线绘制、双曲线轴零件图绘制、正弦曲线轴零件图绘制等基本零件图形的绘制与编辑方法。

任务 2.1 直线绘制与编辑

2.1.1 任务描述

完成图 2-1 所示阶梯轴零件的轮廓线绘制。

直线绘制与编辑

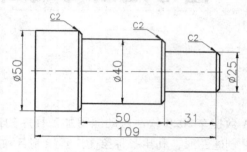

图 2-1 阶梯轴零件图

2.1.2 任务解析

直线是图形构成的基本要素，正确、快捷地绘制直线的关键在于点的捕捉选择和坐标输入。在拾取点时，可充分利用工具点菜单、智能点、导航点、栅格点等工具。输入点的坐标时，一般以绝对坐标输入，也可以根据实际情况，输入点的相对坐标和极坐标。本任务主要通过绘制阶梯轴零件图来学习直线的绘制方法、倒角的过渡和镜像功能的用法。

2.1.3 任务实施

1. 在"常用"功能区选项卡中，单击"绘图"面板上的"直线"按钮，用鼠标捕捉系统坐标原点为第一点，输入第二点坐标"0，12.5"，输入下一点坐标"@-31，0"，输入下一点坐标"@0，7.5"，输入下一点坐标"@-50，0"，输入下一点坐标"@0，5"，输入下一点坐标"@-28，0"，输入下一点坐标"@0，-25"，如图 2-2 所示。

图 2-2 绘制直线

2. 单击"特性"面板上的"图层"图标，在弹出的"层设置"对话框中，设置中心线层为当前图层，如图 2-3 所示。使用 F8 键切换为正交模式，也可以单击屏幕右下角状态栏中的"正交"按钮进行切换。单击"绘图"面板上的"直线"按钮，用鼠标捕捉系统坐标原点为第一点，鼠标指向左方，输入直线长度"111"，按 Enter 键结束，完成中心线绘制，如图 2-4 所示。

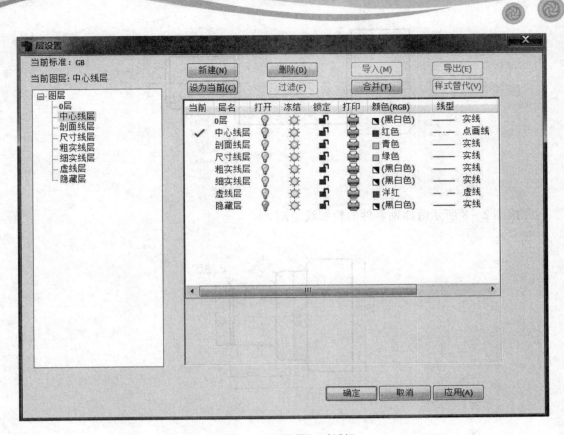

图 2-3 "层设置"对话框

图 2-4 绘制中心线

3. 在"常用"选项卡中，单击"修改"面板上的"倒角"按钮 ◁，在"立即"菜单中修改"3:长度"为 2 和"4:角度"为 45°，然后单击拾取相邻两条直线，完成倒角过渡，如图 2-5 所示。用直线功能绘制直线，如图 2-6 所示。

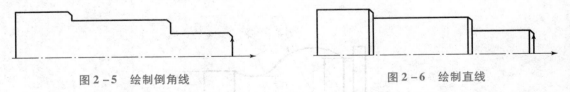

图 2-5 绘制倒角线   图 2-6 绘制直线

4. 在"常用"选项卡中，单击"修改"面板上的"镜像"按钮 ▲，用鼠标选择"立即"菜单中的"复制"按钮，按系统提示拾取要镜像的图素，拾取到的图素以虚线显示，拾取完成后右击进行确认。这时提示变为"选择轴线"，用鼠标拾取中心线作为镜像操作的对称轴线，完成镜像复制操作，如图 2-7 所示。

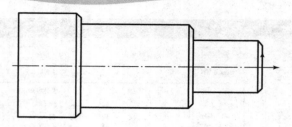

图 2 - 7　绘制阶梯轴

2.1.4　课堂练习

完成图 2 - 8 所示阶梯轴零件的轮廓线绘制。

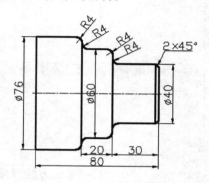

图 2 - 8　阶梯轴零件图

任务 2.2　圆及圆弧绘制

2.2.1　任务描述

完成图 2 - 9 所示阶梯轴零件图的绘制。

圆及圆弧绘制

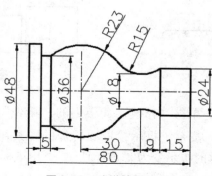

图 2 - 9　阶梯轴零件图

2.2.2　任务解析

此零件图中含有圆弧过渡的阶梯轴类零件，主要运用直线、圆和圆弧等绘图功能完成。本任务主要通过绘制阶梯轴零件图，来学习圆及圆弧的绘制方法，等距、裁剪和镜像功能的用法。

2.2.3　任务实施

1. 使用 F8 键切换为正交模式。在"常用"选项卡中，单击"绘图"面板上的"直线"按钮 ，在"立即"菜单中，选择两点线、连续、正交方式，捕捉坐标原点，向上绘制 12 mm，向左绘制 12 mm 直线，向下绘制 12 mm 直线，如图 2－10 所示。

2. 在"常用"选项卡中，单击"修改"面板上的"等距线"按钮 ，在"立即"菜单中输入等距距离"9"，单击左边等距线，单击向左箭头，完成等距线。使用同样方法作距离 30 的等距线，如图 2－11 所示。

图 2－10　绘制轮廓线　　　　　　　　　　　图 2－11　绘制辅助线

3. 在"常用"选项卡中，单击"绘图"面板上的"圆"按钮 ，选择"圆心－半径"方式，捕捉圆心，输入半径"23"，按 Enter 键，完成 R23 圆绘制。单击"绘图"面板上的"圆"按钮 ，选择三点方式，捕捉第一点 A，捕捉第二点 B，捕捉第三点 C 时，按空格键选择切点捕捉方式，捕捉第三点，完成 R15 圆绘制，如图 2－12 所示。

4. 在"常用"选项卡中，单击"修改"面板上的"裁剪"按钮 ，单击多余线，裁剪结果如图 2－13 所示。

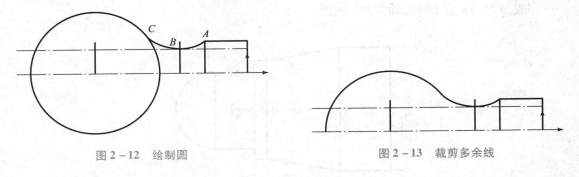

图 2－12　绘制圆　　　　　　　　　　　　　图 2－13　裁剪多余线

5. 在"常用"选项卡中，单击"修改"面板上的"等距线"按钮 ，在"立即"菜单中输入等距距离"18"，单击轴心线，单击向上箭头，完成等距线。使用同样方法作距离 80 的等距线，如图 2－14 所示。

6. 在"常用"选项卡中，单击"绘图"面板上的"直线"按钮 ，在"立即"菜单中，选择两点线、连续、正交方式，捕捉 R23 圆弧与水平线的交点，向左绘制 5 mm 水平线，向上绘制 6 mm 竖直线，向左绘制 6.68 mm 水平线，结果如图 2－15 所示。

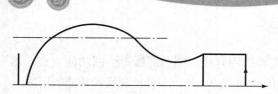

图 2-14　绘制等距线

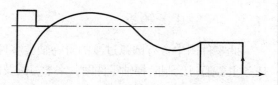

图 2-15　绘制外形轮廓线

7. 在"常用"选项卡中，单击"修改"面板上的"裁剪"按钮，单击多余线，裁剪多余线。单击"修改"面板上的"删除"按钮，删除多余辅助线，结果如图 2-16 所示。

8. 在"常用"选项卡中，单击"修改"面板上的"镜像"按钮，在"立即"菜单中选择拷贝方式，选择上部要镜像的线，选择中心线为镜像轴线，完成镜像操作，结果如图 2-17 所示。

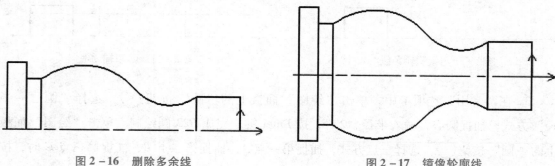

图 2-16　删除多余线　　　　　　　　图 2-17　镜像轮廓线

2.2.4　课堂练习

完成图 2-18 所示阶梯轴零件图的绘制。

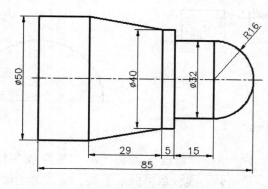

图 2-18　阶梯轴零件图

任务 2.3　椭圆轴绘制

椭圆轴绘制

2.3.1　任务描述

绘制如图 2-19 所示的椭圆轴零件图。

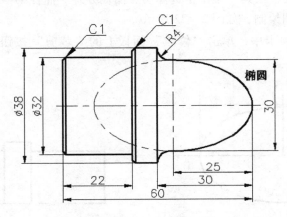

图 2-19　椭圆轴零件图

2.3.2　任务解析

CAXA 数控车 2020 软件提供高级曲线功能。高级曲线是指由基本元素组成的一些特定的图形或特定的曲线。高级曲线包括样条、点、公式曲线、椭圆、正多边形、圆弧拟合样条、局部放大图、波浪线、双折线、箭头、齿轮、孔/轴。此零件图是含有一段椭圆弧的椭圆轴零件，主要运用直线、椭圆等功能绘制。本任务主要通过绘制椭圆轴零件图，来学习椭圆的绘制方法，以及等距、裁剪、镜像和倒角功能的用法。

2.3.3　任务实施

1. 在"常用"选项卡中，单击"修改"面板上的"等距线"按钮 ，在"立即"菜单中输入等距距离"25"，单击右边等距线，单击向左箭头，完成等距线，使用同样方法完成其他等距线，如图 2-20 所示。

2. 在"常用"选项卡中，单击"绘图"面板上的"椭圆"按钮 。在"立即"菜单"1:"中选择"中心点_起点"方式，捕捉椭圆的中心点，输入一个轴的端点"0,0"，然后输入另一个轴的端点"@0,15"。完成椭圆绘制，如图 2-21 所示。

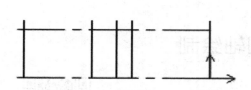

图 2-20　等距辅助线

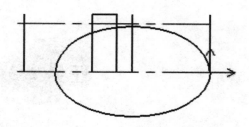

图 2-21　绘制椭圆线

3. 在"常用"选项卡中，单击"绘图"面板上的"圆"按钮，选择"两点-半径"方式，按空格键在"工具"菜单中选择切点捕捉方式。捕捉第一切点，捕捉第二切点，按 Enter 键，完成 R4 圆绘制，如图 2-22 所示。

4. 在"常用"选项卡中，单击"修改"面板上的"裁剪"按钮，单击多余线，裁剪结果如图 2-23 所示。

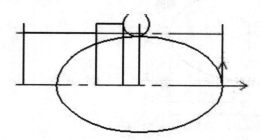

图 2-22　绘制 R4 圆弧过渡线

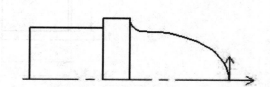

图 2-23　裁剪多余线

5. 在"常用"选项卡中，单击"修改"面板上的"镜像"按钮，在"立即"菜单中选择拷贝方式，选择要镜像的线，选择镜像轴线，完成镜像操作，结果如图 2-24 所示。

6. 在"常用"选项卡中，单击"修改"面板上的"倒角"按钮，在"立即"菜单中修改"3:长度"为 1 和"4:角度"为 45°，然后单击拾取相邻两条直线，完成倒角过渡。用直线功能绘制直线，如图 2-25 所示。

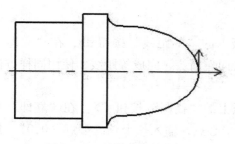

图 2-24　镜像上部轮廓线

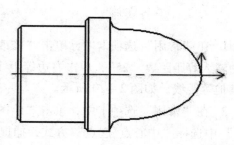

图 2-25　绘制倒角线

2.3.4　课堂练习

绘制如图 2 - 26 所示的椭圆轴零件图。

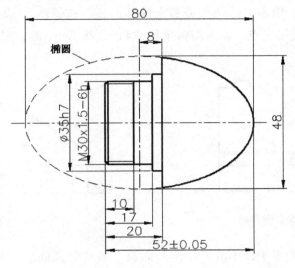

图 2 - 26　椭圆轴零件图

任务 2.4　反光杯抛物线绘制

反光杯抛物线绘制

2.4.1　任务描述

绘制如图 2 - 27 所示的反光杯抛物线。抛物线方程为
$X(t) = at^2 = 0.14t^2$，$Y(t) = t$。

2.4.2　任务解析

CAXA 数控车 2020 软件提供公式曲线功能来完成一些特定曲线的绘制。图 2 - 27 所示零件图是含有一段抛物线弧的反光杯零件，主要运用直线、公式曲线等功能绘制。本任务主要通过绘制反光杯零件图，来学习抛物线的绘制方法，等距、裁剪、镜像和倒角功能的用法。

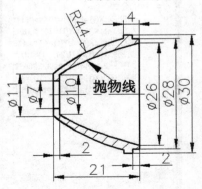

图 2 - 27　反光杯零件图

2.4.3　任务实施

1. 在"常用"选项卡中，单击"修改"面板上的"等距线"按钮 ，在"立即"菜

单中输入等距距离"21",单击右边等距线,单击向左箭头,完成等距线。用同样方法完成其他等距线,如图2-28所示。

2. 在"常用"选项卡中,单击"修改"面板上的"裁剪"按钮，单击裁剪多余线。在"常用"选项卡中,单击"绘图"面板上的"圆弧"按钮，选择"两点-半径"方式,捕捉第一点,捕捉第二点,输入圆弧半径"44",按 Enter 键,完成 R44 圆弧绘制,如图2-29所示。

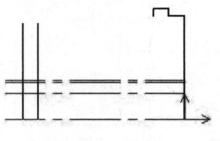

图2-28 绘制辅助线

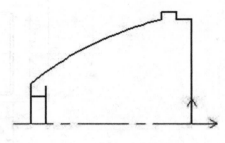

图2-29 绘制外形轮廓线

3. 在"常用"选项卡中,单击"绘图"面板上的"公式曲线"按钮，弹出"公式曲线"对话框,输入抛物线方程"$X(t) = at^2 = t*t*0.14$""$Y(t) = t$",如图2-30所示。单击"确定"按钮退出"公式曲线"对话框,在中线上捕捉一点,完成抛物线绘制,如图2-31所示。

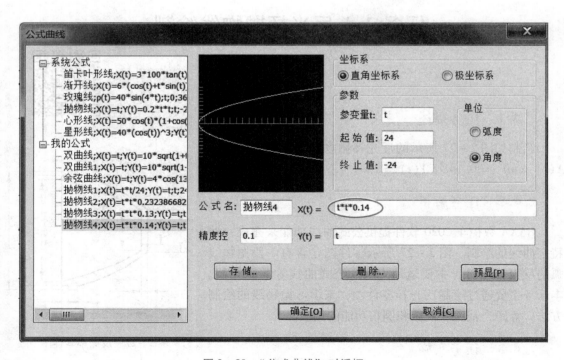

图2-30 "公式曲线"对话框

4. 在"常用"选项卡中，单击"修改"面板上的"平移"按钮 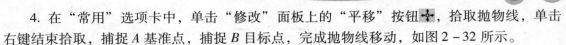，拾取抛物线，单击右键结束拾取，捕捉 A 基准点，捕捉 B 目标点，完成抛物线移动，如图 2－32 所示。

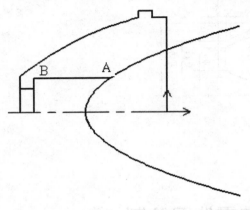

图 2－31　绘制抛物线

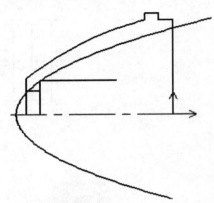

图 2－32　移动抛物线

5. 在"常用"选项卡中，单击"修改"面板上的"裁剪"按钮，单击裁剪多余线。单击"修改"面板上的"删除"按钮，删除多余辅助线，结果如图 2－33 所示。

6. 在"常用"选项卡中，单击"修改"面板上的镜像"按钮"，在"立即"菜单中，选择拷贝方式，选择要镜像的线，选择镜像轴线，完成镜像操作，如图 2－34 所示。

7. 在"常用"选项卡中，单击"绘图"面板上的"剖面线"按钮，在"立即"菜单中选择"不选择剖面图案"，然后在要填剖面图案的区域中单击，单击右键，弹出"剖面图案"对话框。选择剖面图案，单击"确定"按钮退出对话框，完成剖面线绘制，结果如图 2－34 所示。

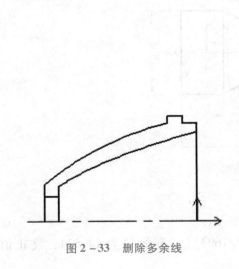

图 2－33　删除多余线

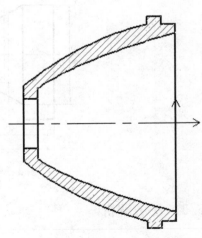

图 2－34　镜像轮廓线

2.4.4　课堂练习

绘制如图 2－35 所示反光杯零件图。抛物线方程为 $X(t) = at^2 = 0.232\ 4t^2$，$Y(t) = t$。

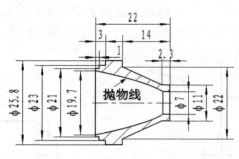

图 2 − 35 反光杯零件图

任务 2.5 双曲线轴零件图绘制

2.5.1 任务描述

绘制如图 2 − 36 所示的双曲线轴零件图。过渡双曲线方程为 $x^2/10^2 - z^2/13^2 = 1$，双曲线实半轴长 10，虚半轴长 13。

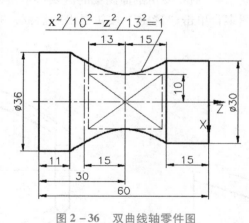

图 2 − 36 双曲线轴零件图

2.5.2 任务解析

双曲线方程为 $X(t) = t$，$Y(t) = 10(1 + t^2/169)^{1/2}$，起始值为 14.534，终止值为 −19.456。

本任务主要通过绘制双曲线轴零件图，来学习公式曲线功能的用法，以及等距、矩形、裁剪和镜像功能的用法。

2.5.3　任务实施

1. 在"常用"选项卡中，单击"修改"面板上的"等距线"按钮，在"立即"菜单中输入等距距离"15"，单击右边等距线，单击向左箭头，完成等距线。使用同样方法完成其他等距线，如图 2 - 37 所示。

2. 单击"常用"选项卡中"绘图"面板上的"矩形"按钮□。在"立即"菜单中输入长度"26"，宽度"20"，捕捉□的中心点。完成矩形绘制，如图 2 - 38 所示。

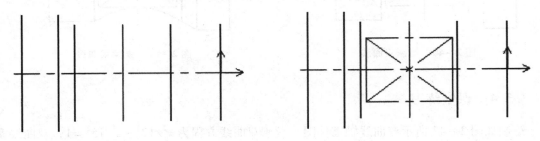

图 2 - 37　等距辅助线　　　　　　　　　　图 2 - 38　绘制矩形轮廓线

3. 在"常用"选项卡中，单击"绘图"面板上的"公式曲线"按钮，弹出"公式曲线"对话框，输入双曲线方程"$X(t) = t$" "$Y(t) = 10 * sqrt(1 + t * t/169)$"，起始值"14.534"，终止值" - 19.456"，如图 2 - 39 所示。单击"确定"按钮退出"公式曲线"对话框，在中线上捕捉一点，完成双曲线绘制，如图 2 - 40 所示。

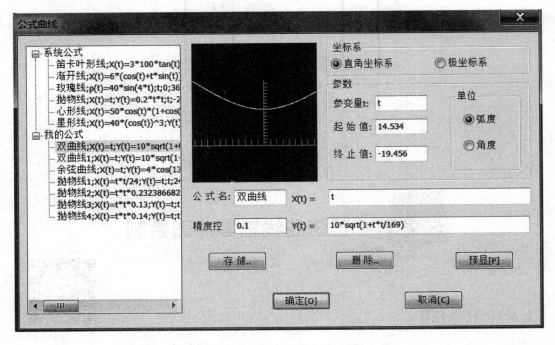

图 2 - 39　"公式曲线"对话框

4. 在"常用"选项卡中，单击"修改"面板上的"镜像"按钮 ▲，在"立即"菜单中选择拷贝方式，选择要镜像的线，选择中心线作为镜像轴线，完成双曲线镜像操作，结果如图 2－41 所示。

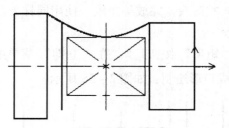 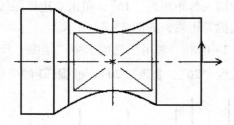

图 2－40　绘制双曲线　　　　　　　　　　图 2－41　镜像双曲线

2.5.4　课堂练习

绘制如图 2－42 所示双曲线轴零件图。过渡双曲线方程为 $x^2/12^2 - z^2/15^2 = 1$，双曲线实半轴长为 12，虚半轴长为 15。

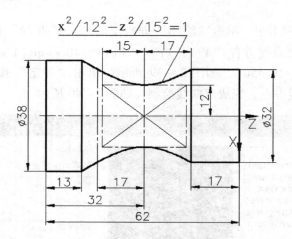

图 2－42　双曲线轴零件图

任务 2.6　正弦曲线轴零件图绘制

2.6.1　任务描述

绘制如图 2－43 所示正弦曲线轴零件图。过渡正弦曲线参数方程为 $X(t) = 40t/360$，$Y(y) = 4\sin x$，波幅为 4。

正弦曲线轴
零件图绘制

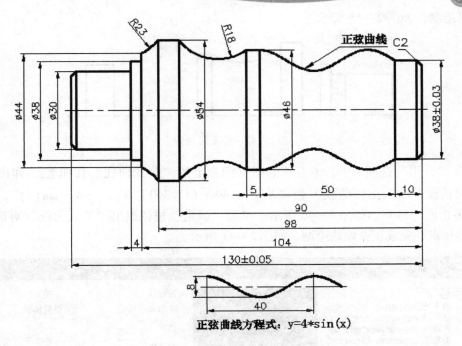

图 2-43　正弦曲线轴零件图

2.6.2　任务解析

该零件中含有正弦曲线的绘制，以正弦的角度为变量，该正弦曲线为 5/4 个周期，所以变量 t 的变化范围为 90°～540°，正弦曲线参数方程为 $X(t)=40t/360$，$Y(t)=4\sin t$，为角度自变量，波幅为 4，一个周期长为 40。本任务主要通过绘制正弦曲线轴零件图，来学习公式曲线功能的用法，以及等距、圆弧、平移和镜像功能的用法。

2.6.3　任务实施

1. 在"常用"选项卡中，单击"修改"面板上的"等距线"按钮 ⬚，在"立即"菜单中输入等距距离"10"，单击右边等距线，单击向左箭头，完成等距线的绘制。使用同样方法完成其他等距线，如图 2-44 所示。

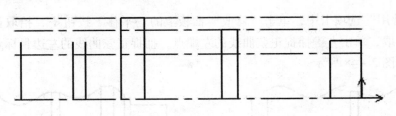

图 2-44　等距辅助线

2. 在"常用"选项卡中，单击"绘图"面板上的"两点-半径画圆弧"按钮 ◥。捕捉第一圆弧端点，捕捉第二圆弧端点，输入半径"18"，完成 R18 圆弧绘制。同理，完成

R23 圆弧绘制，如图 2 − 45 所示。

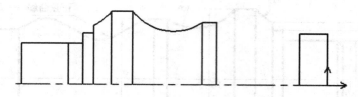

图 2 − 45　绘制圆弧线

3. 在"常用"选项卡中，单击"绘图"面板上的"公式曲线"按钮，弹出"公式曲线"对话框，输入正弦曲线方程"$X(t) = 40 * (t)/360$""$Y(t) = 4 * \sin(t)$"，起始值"90"，终止值"540"，如图 2 − 46 所示。单击"确定"按钮退出"公式曲线"对话框，在左边捕捉一点，完成正弦曲线绘制，如图 2 − 47 所示。

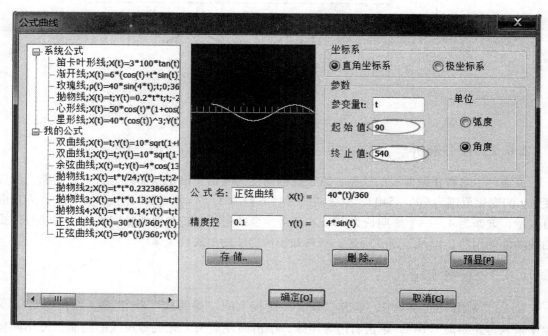

图 2 − 46　"公式曲线"对话框

4. 在"常用"选项卡中，单击"修改"面板上的"平移"按钮，拾取正弦曲线，单击右键结束拾取，单击左键捕捉正弦曲线的左端点，捕捉正弦曲线的左边目标点，完成正弦曲线移动，如图 2 − 48 所示。

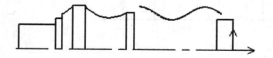

图 2 − 47　绘制正弦曲线

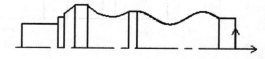

图 2 − 48　移动正弦曲线

5. 在"常用"选项卡中，单击"修改"面板上的"镜像"按钮，在"立即"菜单中选择拷贝方式，选择要镜像的线，选择中心线作为镜像轴线，完成镜像操作，结果如图 2 - 49 所示。

6. 在"常用"功能区选项卡中，单击"修改"面板上的"倒角"按钮 ⧄，在"立即"菜单中修改"3：长度"为 2 和"4：角度"为 45°，然后单击拾取相邻两条直线，完成倒角过渡。用直线功能绘制直线，如图 2 - 50 所示。

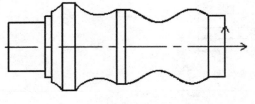

图 2 - 49　镜像轮廓线

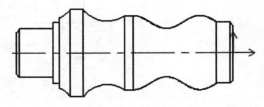

图 2 - 50　绘制倒角线

2.6.4　课堂练习

绘制如图 2 - 51 所示余弦曲线轴零件图。过渡余弦曲线参数方程为 $X(t) = t$，$Y(t) = 3\cos(360/20t)$，波幅为 3，变量 t 的变化范围为 0° ~ 40°。

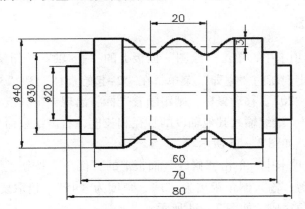

图 2 - 51　余弦曲线轴零件图

任务 2.7　快速绘制阶梯轴零件图

2.7.1　任务描述

绘制如图 2 - 52 所示的阶梯轴零件图。

快速绘制阶梯轴零件图

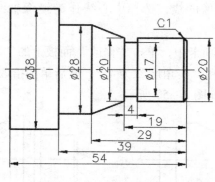

图 2 - 52　阶梯轴零件图

2.7.2　任务解析

CAXA 数控车 2020 软件提供了孔/轴绘制功能，可以在给定位置画出带有中心线的轴和孔或画出带有中心线的圆锥孔和圆锥轴。该阶梯轴零件主要由不同直径的圆柱面组成，所以用孔/轴功能来完成绘图，方便快捷，提高了绘图速度。本任务主要通过绘制阶梯轴零件图，来学习孔/轴和倒角功能的用法。

2.7.3　任务实施

1. 在"常用"选项卡中，单击"绘图"面板上的"孔/轴"按钮，用鼠标捕捉坐标零点为插入点，这时出现新的"立即"菜单，在"2:起始直径"和"3:终止直径"文本框中分别输入轴的直径"20"。移动鼠标，则跟随着光标将出现一个长度动态变化的轴，用键盘输入轴的长度"15"。继续输入其他轴段的直径和长度，右击结束命令，即可完成一个带有中心线的轴的绘制，如图 2 - 53 所示。

2. 在"常用"选项卡中，单击"修改"面板上的"倒角"按钮，在下面的"立即"菜单中选择长度、裁剪，输入倒角距离为"1"，角度为"45"。拾取要倒角的第一条边线，拾取第二条边线，倒角完成，如图 2 - 54 所示。

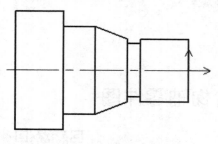

图 2 - 53　绘制零件轮廓

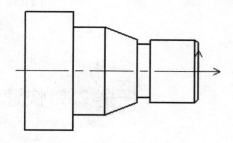

图 2 - 54　绘制倒角线

2.7.4　课堂练习

绘制如图 2 - 55 所示的阶梯轴零件图。

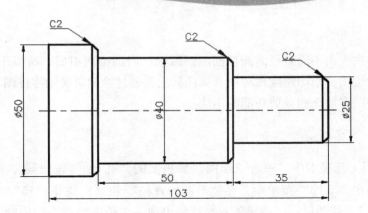

图 2-55　阶梯轴零件图

任务 2.8　绘制圆盘零件图

2.8.1　任务描述

绘制如图 2-56 所示的圆盘零件图。

绘制圆盘零件图

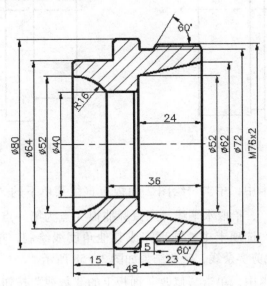

图 2-56　圆盘零件图

2.8.2　任务解析

该圆盘零件主要由不同直径的圆柱面、圆弧面、内圆锥面组成，所以用孔/轴功能来完成内外轮廓线的绘图，绘图速度比较快。本任务主要通过绘制阶梯轴零件图，来学习孔/轴、角度线、圆弧、图案填充和裁剪功能的用法。

2.8.3　任务实施

1. 在"常用"选项卡中，单击"绘图"面板上的"孔/轴"按钮 ，用鼠标捕捉坐标零点为插入点，在"立即"菜单中，在"2:起始直径"和"3:终止直径"文本框中分别输入轴的直径"76"，移动鼠标，则跟随着光标将出现一个长度动态变化的轴，用键盘输入轴的长度"18"，按 Enter 键。继续修改其他段直径，输入长度值，按 Enter 键，右击结束命令，即可完成圆盘的外轮廓绘制，如图 2 - 57 所示。

2. 在"常用"选项卡中，单击"修改"面板上的"倒角"按钮 ，在下面的"立即"菜单中，选择长度、裁剪，输入倒角距离"1"，角度"45"。拾取左端要倒角的第一条边线，拾取第二条边线，倒角完成，如图 2 - 58 所示。

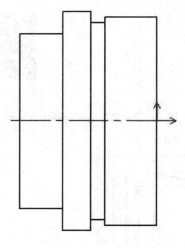

图 2 - 57　绘制外轮廓

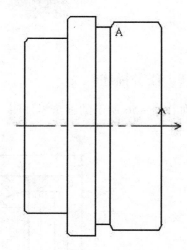

图 2 - 58　绘制倒角

3. 在"常用"选项卡中，单击"绘图"面板上直线菜单下的"角度线"按钮 ，在"立即"菜单中输入"60"，拾取水平线，用鼠标捕捉 A 点为第一点，拉动鼠标绘制一条任意长的斜线。在"常用"选项卡中，同理完成其他角度线绘制，单击"修改"面板上的"裁剪"按钮 ，单击裁剪多余线，裁剪结果如图 2 - 58 所示。

4. 在"常用"选项卡中，单击"修改"面板上的"裁剪"按钮 ，单击裁剪中间的多余线，裁剪结果如图 2 - 59 所示。

5. 在"常用"选项卡中，单击"绘图"面板上的"孔/轴"按钮 ，用鼠标捕捉坐标零点为插入点，这时出现新的"立即"菜单，在"2:起始直径"和"3:终止直径"文本框中分别输入轴的起始直径"62"。终止直径"52",移动鼠标,则跟随着光标将出现一个长度动态变化的轴,键盘输入轴的长度"24",按Enter键。继续修改其他段直径,输入长度值,按Enter键,右击结束命令,即可完成轴的内轮廓绘制,如图2-60所示。

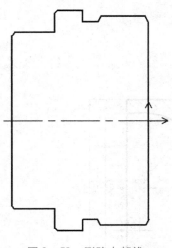

图2-59 删除内部线

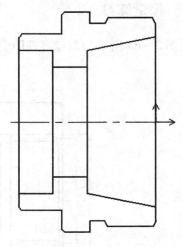

图2-60 绘制内轮廓

6. 在"常用"选项卡中,单击"绘图"面板上"圆弧"菜单下的"两点-半径"按钮，用鼠标捕捉A点作为第一点,捕捉B点作为第二点,输入半径"16",按Enter键后完成R16圆弧的绘制。单击"修改"面板上的"镜像"按钮，拾取圆弧线,单击镜像中心线,完成下面圆弧绘制,如图2-61所示。

7. 单击"修改"面板上的"裁剪"按钮，单击裁剪中间的多余线。在"常用"选项卡中,单击"修改"面板上的"倒角"按钮，在下面的"立即"菜单中,选择长度、裁剪,输入倒角距离"1",角度"45",拾取中部要倒角的第一条边线,拾取第二条边线,倒角完成,如图2-62所示。

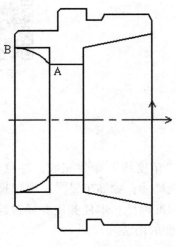

图2-61 绘制圆弧

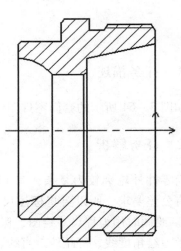

图2-62 绘制内倒角

39

8. 在"常用"选项卡中，单击"绘图"面板上的"图案填充"按钮，用鼠标左键拾取要填充的封闭区域内任意一点，即可完成填充操作，如图 2-62 所示。

2.8.4 课堂练习

绘制如图 2-63 所示的圆盘零件图。

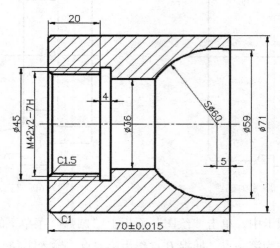

图 2-63 圆盘零件图

任务 2.9 绘制套筒零件图

2.9.1 任务描述

绘制如图 2-64 所示的套筒零件图。

绘制套筒零件图

2.9.2 任务解析

该套筒零件外轮廓较为复杂，有 150° 斜线，用"角度线"命令完成，注意角度计算。所注尺寸有公差要求，所以要将标注尺寸转换为编程尺寸，如 $\phi76^{+0.025}_{0}$，编程尺寸取中差 $\phi76.0125$。绘图时用编程尺寸绘图，保证编制程序的准确性。本任务主要通过绘制套筒零件图，来学习绘角度线、等距线、直线、圆和镜像功能的用法。

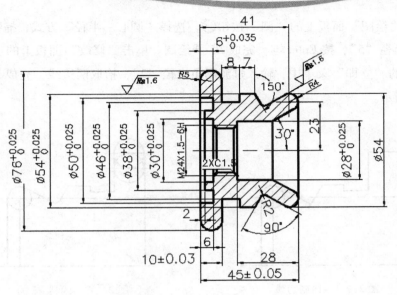

图 2-64　套筒零件图

2.9.3　任务实施

1. 按 F8 键进入正交状态下，在"常用"选项卡中，单击"绘图"面板上的"直线"按钮 ╱，用鼠标捕捉系统坐标原点为第一点，输入距离"27"，绘制一条竖直线。重复"直线"命令，输入起点坐标"0，-45"，输入距离"38.006 25"，输入距离"10"，依次按照零件图尺寸绘制其他轮廓线。单击"绘图"面板上的"角度线"按钮 ∠，在"立即"菜单中输入"-60"，拾取水平线，用鼠标捕捉 A 点为第一点，拉动鼠标绘制一条任意长的斜线，如图 2-65 所示。

2. 在"常用"选项卡中，单击"修改"面板上的"等距线"按钮 ⬚，在"立即"菜单中输入等距距离"23"，单击中心等距线，单击向上箭头，完成等距线绘制。单击"绘图"面板上的"圆"按钮 ◯，选择"圆心-半径"方式，捕捉圆心，输入半径"4"，按Enter 键，完成 R4 圆绘制，如图 2-66 所示。

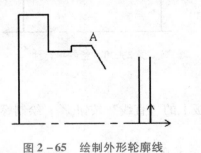

图 2-65　绘制外形轮廓线

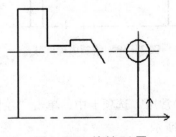

图 2-66　绘制 R4 圆

3. 在"常用"选项卡中，单击"绘图"面板上的"直线"按钮 ╱，按空格键在"立即"菜单中选择切点，用鼠标捕捉圆上的一点，再按空格键，在"立即"菜单中选择垂足点，用鼠标捕捉斜线上的一点，完成切线绘制，如图 2-67 所示。

4. 单击"绘图"面板上的"圆"按钮○，选择"圆心 – 半径"方式，捕捉直线中点为圆心，输入半径"5"，按 Enter 键，完成 R5 圆绘制。单击"修改"面板上的"圆角"按钮☐，在下面的"立即"菜单中，输入过渡圆角半径"2"，拾取两边线，完成 R2 圆角过渡，如图 2 –68 所示。

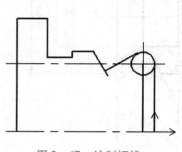

图 2 –67　绘制切线

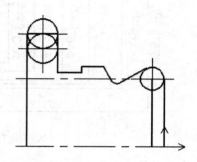

图 2 –68　绘制 R5 圆

5. 在"常用"选项卡中，单击"绘图"面板上的"直线"按钮╱，按照零件图尺寸绘制内轮廓线，如图 2 –69 所示。

6. 单击"绘图"面板上的"平行线"按钮╱，拾取切线，输入平行线之间的距离"8"，完成平行线绘制。单击"修改"面板上的"裁剪"按钮╲╌，裁剪多余线，如图 2 –70 所示。

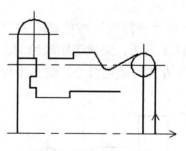

图 2 –69　绘制内轮廓线

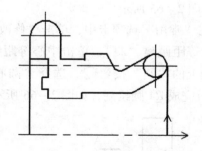

图 2 –70　绘制平行线

7. 在"常用"选项卡中，单击"绘图"面板上的"直线"按钮╱，绘制螺纹倒角线，如图 2 –71 所示。

8. 在"常用"选项卡中，单击"修改"面板上的"镜像"按钮▲，在"立即"菜单中选择拷贝方式，选择要镜像的线，选择镜像轴线，完成镜像操作。单击"绘图"面板上的"图案填充"按钮▨，用鼠标左键拾取要填充的封闭区域内任意一点，即可完成填充操作。结果如图 2 –72 所示。

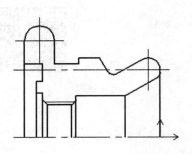

图 2-71　绘制倒角线

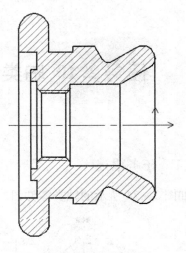

图 2-72　镜像轮廓线

2.9.4　课堂练习

绘制如图 2-73 所示的套筒零件图。

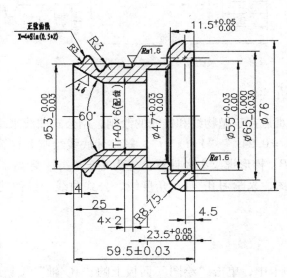

图 2-73　套筒零件图

任务 2.10 轴类零件图绘制综合实例

2.10.1 任务描述

绘制如图 2-74 所示的轴类零件图。

轴类零件图绘制综合实例

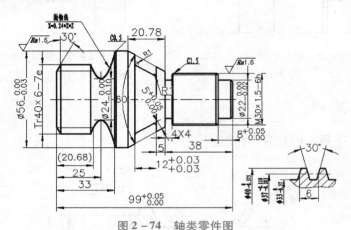

图 2-74 轴类零件图

2.10.2 任务解析

该轴类零件绘图的难点在于抛物线和锥线的绘制，用公式曲线来绘制抛物线，抛物线的参数方程为 "$X(t) = at^2 = 0.24t^2$" "$Y(t) = t$"。螺纹牙底线绘制要计算牙高，螺纹小径计算公式为 $d_1 = d - 1.082\,5P$，梯形螺纹小径计算公式为 $d_1 = d - p$，牙高 $h = (d - d_1)/2$。本任务主要通过绘制轴类零件图，来学习孔/轴、角度线、公式曲线、镜像功能的用法及梯形螺纹参数计算的方法。

2.10.3 任务实施

1. 在"常用"选项卡中，单击"绘图"面板上的"孔/轴"按钮，用鼠标捕捉坐标零点为插入点，在"立即"菜单中，在"2:起始直径"和"3:终止直径"文本框中分别输入轴的直径"22"，移动鼠标，则跟随着光标将出现一个长度动态变化的轴，使用键盘输入轴的长度"8"，按 Enter键。继续修改其他段直径，输入长度值，按 Enter键，右击结束命令，即可完成圆盘的外轮廓绘制，如图 2-75 所示。

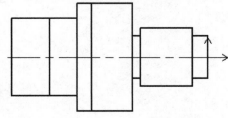

图 2-75 绘制外轮廓线

2. 在"常用"选项卡中，单击"绘图"面板上"直线"菜单下的"角度线"按钮 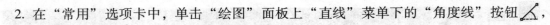，在"立即"菜单中输入"-30"，拾取水平线，用鼠标捕捉 A 点为第一点，拉动鼠标绘制一条任意长的斜线。单击"绘图"面板上的"平行线"按钮 ，拾取切线，输入平行线之间的距离"5"，完成平行线绘制。在"常用"选项卡中，单击"修改"面板上的"等距线"按钮 ，在"立即"菜单中输入等距距离"5"，单击右边等距线，单击向左箭头，完成等距线，使用同样方法完成其他等距线绘制，如图 2-76 所示。

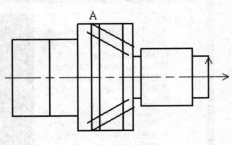

图 2-76　绘制斜线

3. 在"常用"选项卡中，单击"修改"面板上的"裁剪"按钮 ，单击裁剪多余线，如图 2-77 所示。单击"修改"面板上的"圆角"按钮 ，在下面的"立即"菜单中，输入过渡圆角半径"1"，拾取两边线，完成 R1 圆角过渡。

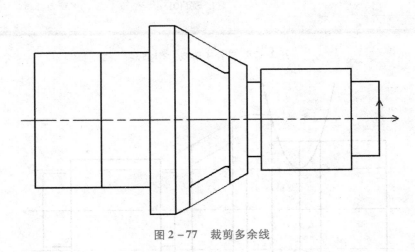

图 2-77　裁剪多余线

4. 单击"修改"面板上的"等距线"按钮 ，在"立即"菜单中输入等距距离"25"，单击左边等距线。单击向右箭头，完成等距线。使用同样方法完成上、下等距线。

5. 在"常用"选项卡中，单击"绘图"面板上的"公式曲线"按钮 ，弹出"公式曲线"对话框，输入抛物线方程"$X(t) = at^2 = 0.24 * t * t$""$Y(t) = t$"，如图 2-78 所示。单击"确定"按钮退出"公式曲线"对话框，捕捉两等距交点，完成抛物线绘制，下边抛物线可用"镜像"命令完成，如图 2-79 所示。

6. 在"常用"选项卡中，单击"修改"面板上的"裁剪"按钮 ，单击裁剪多余线，如图 2-80 所示。

7. 单击"修改"面板上的"等距线"按钮 ，在"立即"菜单中输入等距距离"2"，单击左边等距线，单击向右箭头，完成等距线。单击"绘图"面板上"直线"菜单下的"角度线"按钮 ，在"立即"菜单中输入"240"，拾取水平线，用鼠标捕捉 A 点为第一

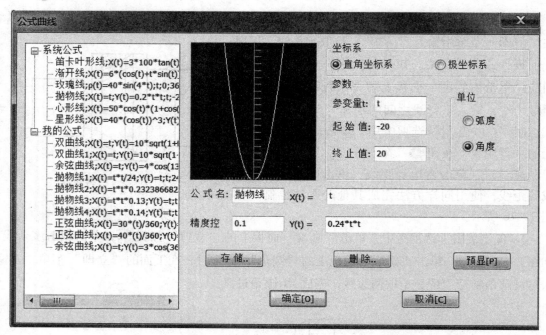

图 2-78 "公式曲线"对话框

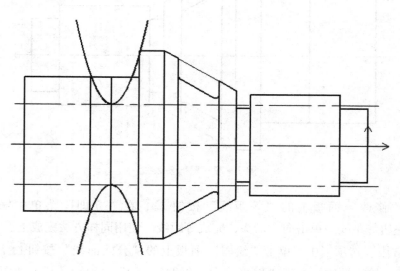

图 2-79 绘制抛物线

点，拉动鼠标绘制一条任意长的斜线。单击"修改"面板上的"裁剪"按钮，单击裁剪多余线，如图 2-81 所示。

8. 三角形螺纹小径计算公式：

$$d_1 = d - 1.082\,5P = 30 - 1.082\,5 \times 1.5 = 28.376 \qquad 牙高\ h = (d - d_1)/2 = 0.812$$

梯形螺纹小径计算公式：

$$d_1 = d - p = 40 - 6 = 34 \qquad 牙高\ h = (d - d_1)/2 = 3$$

知道了牙高，可以用等距线命令绘制牙底线，如图 2-81 所示。

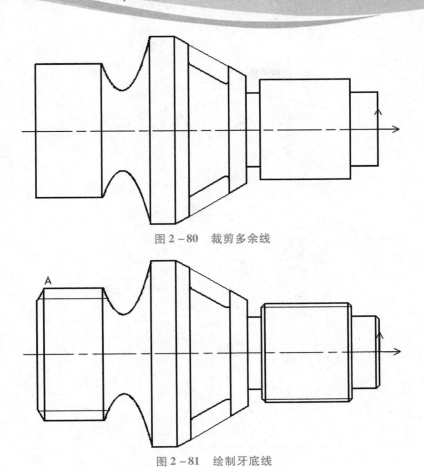

图 2 - 80   裁剪多余线

图 2 - 81   绘制牙底线

2.10.4   课堂练习

绘制如图 2 - 82 所示的轴类零件图。

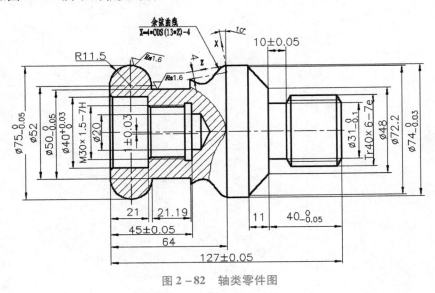

图 2 - 82   轴类零件图

项目 3
CAXA 数控车 2020 尺寸标注与编辑

　　一张完整的零件图，除了图形外，尺寸标注也是极其重要的组成部分，占据绘图工作相当多的时间，如果标注不清晰或不合理，还会影响对图纸的理解。CAXA 数控车依据相关机械制图标准提供了丰富而智能的标注功能，包括尺寸标注、坐标标注、文字标注、工程标注等，并可以方便地对标注进行编辑修改。本项目主要学习 CAXA 数控车 2020 软件的尺寸标注样式设置、尺寸公差及形位公差标注和轴类零件图尺寸标注方法。

任务 3.1 尺寸标注样式设置

3.1.1 任务描述

修改尺寸标注风格，并标注图 3-1 所示的阶梯轴零件图尺寸。

尺寸标注样式设置

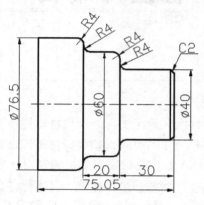

图 3-1 阶梯轴零件图

3.1.2 任务解析

尺寸风格是指对标注的尺寸线、尺寸线箭头、尺寸值等样式的综合设置，画图时应该根据图形的性质设置不同的标注风格。尺寸风格通常可以控制尺寸标注的箭头样式、文本位置、尺寸公差、尺寸形式等。本任务主要通过对阶梯轴零件图标注尺寸，来学习尺寸风格设置和简单零件图标注尺寸方法。

3.1.3 任务实施

1. 在"标注"选项卡中，单击"标注样式"面板上的"样式管理"按钮，打开如图 3-2 所示的"样式管理"对话框，在该对话框中，可以设置"直线和箭头""文本""调整""单位""换算单位""公差""尺寸形式"等选项。

设置尺寸线颜色，默认为 ByBlock 白色，修改为黑色；设置箭头的长度，默认为 4 mm。修改为 5；设置文字大小，字高的单位是 mm，此处如果设置为 0，修改为 6，度量比例 1:1。其他设置默认不改动。

2. 在"标注"选项卡中，单击"尺寸"面板上的"基本标注"按钮，捕捉直线的两个端点，拉动鼠标指定尺寸线位置，完成线性尺寸标注。单击"尺寸"面板上的"半径

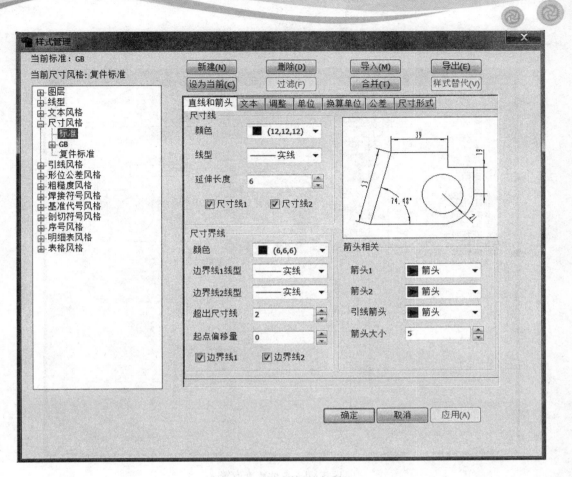

图 3 - 2　样式管理对话框

标注"按钮 ⊘,拾取圆弧标注 R4 圆弧尺寸,如图 3 - 3 所示。

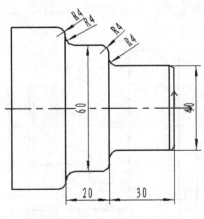

图 3 - 3　标注尺寸

3. 在"标注"选项卡中,单击"标注样式"面板上的"样式管理"按钮 ⊠,打开如图 3 - 4 所示的"样式管理"对话框。在该对话框中单击"新建"按钮,新建一个复本样式。然后单击"单位"选项卡，设置单位精度"0.00"。单击"设为当前"按钮。

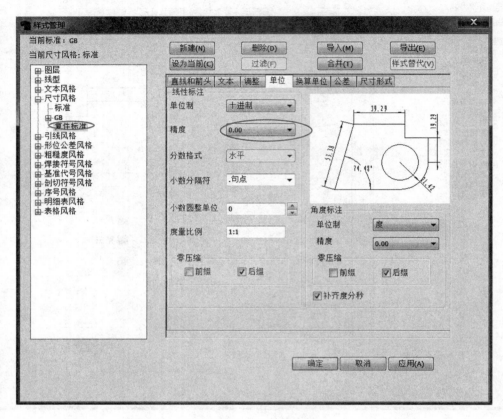

图 3-4　单位精度设置

4. 在"标注"选项卡中，单击"尺寸"面板上的"基本标注"按钮，捕捉直线的两个端点，拉动鼠标指定尺寸线位置，完成线性尺寸标注，如图 3-5 所示。

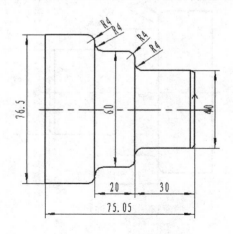

图 3-5　标注小数尺寸

5. 单击要加前缀的尺寸，弹出"尺寸标注属性设置"对话框，在前缀栏中输入"％c"，如图 3-6 所示。单击"确定"按钮退出"尺寸标注属性设置"对话框。完成直径尺寸修改，如图 3-7 所示。

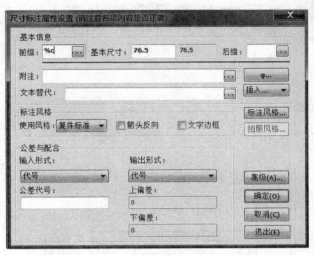

图 3-6　"尺寸标注属性设置"对话框

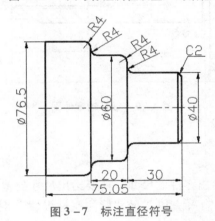

图 3-7　标注直径符号

3.1.4　课堂练习

修改尺寸标注风格并标注图 3-8 所示的阶梯轴零件图尺寸。

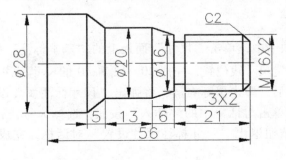

图 3-8　阶梯轴零件图

任务 3.2 尺寸公差及形位公差标注方法

3.2.1 任务描述

给图 3−9 所示的细杆轴零件图标注尺寸及形位公差。

尺寸公差及形位
公差标注方法

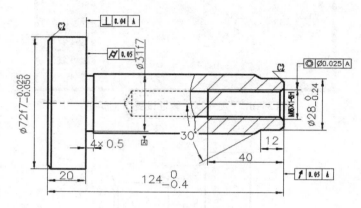

图 3−9 细杆轴零件图

3.2.2 任务解析

在机械设计中，不但要给出零件的尺寸，还要给出尺寸公差和形位公差。尺寸公差的标注有两种方法："立即"菜单输入法和"尺寸标注属性设置"对话框法。前者标注效率高，但需要用户记住一些公差标注的格式化字符串，难度较大；后者使用对话框方式，操作简便，但效率不如前者。本任务主要通过对细杆轴零件图标注尺寸，来学习尺寸公差和形位公差的标注尺寸方法。

3.2.3 任务实施

1. 在"标注"选项卡中，单击"尺寸"面板上的"基本标注"按钮 ，捕捉直线的两个端点，拉动鼠标指定尺寸线位置，完成 20、12 和 40 的尺寸标注。标注退刀槽尺寸时，当捕捉退刀槽两端交点后，单击鼠标右键，将弹出"尺寸标注属性设置"对话框。在后缀框中"%×0.5"，或者单击对话框中的"插入"按钮，选择×号，后缀框自动出现"%×0.5"，单击"确定"按钮退出"尺寸标注属性设置"对话框，完成退刀槽尺寸标注，如图 3−10 所示。

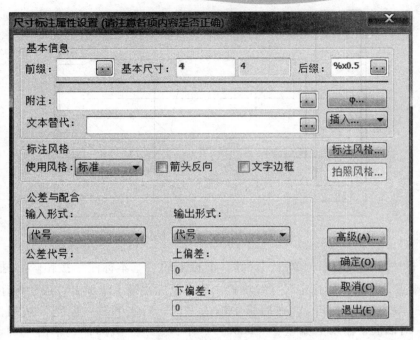

图 3 – 10　标注 4 尺寸

2. 在"标注"选项卡中，单击"尺寸"面板上的"基本标注"按钮 ，捕捉直线的两个端点，拉动鼠标指定尺寸线位置，单击鼠标右键，将弹出"尺寸标注属性设置"对话框。选择偏差输入、输出形式，输入上偏差"0"，下偏差"－0.4"，单击"确定"按钮退出"尺寸标注属性设置"对话框，完成 124 尺寸标注，如图 3 – 11 和图 3 – 12 所示。

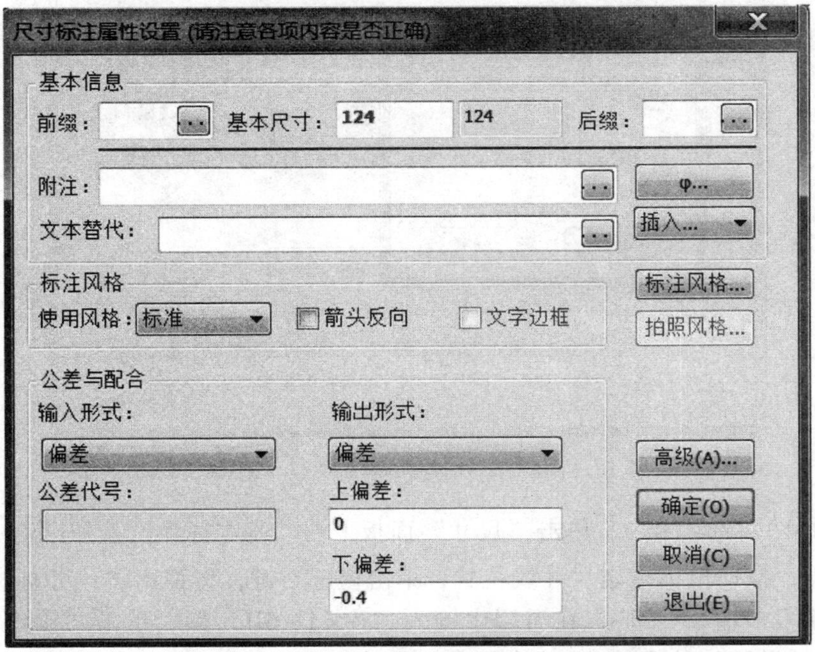

图 3 – 11　标注 124 尺寸

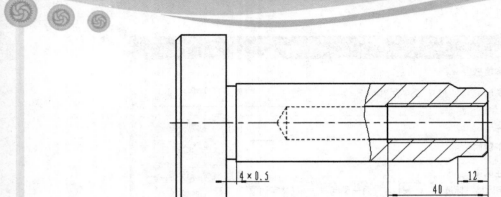

图 3 – 12 标注线性尺寸

3. 在"标注"选项卡中，单击"尺寸"面板上的"基本标注"按钮 ，捕捉直径 72 直线的两个端点，拉动鼠标指定尺寸线位置，单击鼠标右键，将弹出"尺寸标注属性设置"对话框。在前缀中输入"%c"，在后缀中输入"f7"后，单击"偏差"按钮，在弹出的"上下偏差"对话框中输入上偏差"– 0.025"，下偏差"– 0.050"，单击"确定"按钮退出"上下偏差"对话框，单击"确定"按钮退出"尺寸标注属性设置"对话框，完成直径 72 尺寸的标注，如图 3 – 13 所示。

图 3 – 13 标注直径 72 尺寸

4. 在"标注"选项卡中，单击"尺寸"面板上的"基本标注"按钮 ，捕捉螺纹大径的两个端点，拉动鼠标指定尺寸线位置，单击鼠标右键，将弹出"尺寸标注属性设置"对话框。在前缀中输入"M"，在后缀中输入"%×1 – 6H"后，单击"确定"按钮退出"尺寸标注属性设置"对话框，完成直径 M16 尺寸标注，如图 3 – 14 所示。

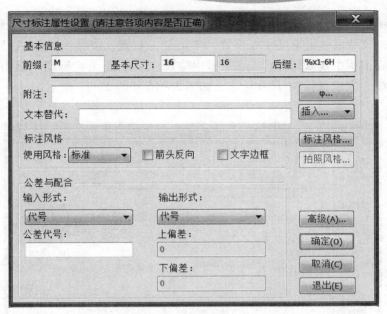

图 3 - 14　标注 M16 尺寸

5. 在"标注"选项卡中，单击"尺寸"面板上的"基本标注"按钮，捕捉螺纹大径的两个端点，拉动鼠标指定尺寸线位置，单击鼠标右键，将弹出"尺寸标注属性设置"对话框。在前缀中输入"%c"，在后缀中单击，然后单击"偏差"按钮，在弹出的"上下偏差"对话框中输入上偏差"0"，下偏差"-0.24"，单击"确定"按钮退出"上下偏差"对话框，单击"确定"按钮退出"尺寸标注属性设置"对话框，完成直径 28 尺寸标注，如图 3 - 15 所示。

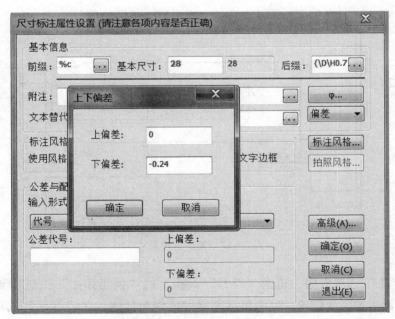

图 3 - 15　标注直径 28 尺寸

6. 在"标注"选项卡中，单击"尺寸"面板上的"基本标注"按钮 ，捕捉螺纹大径的两个端点，拉动鼠标指定尺寸线位置，单击鼠标右键，将弹出标注"尺寸标注属性设置"对话框。在前缀中输入"%c"，在后缀中输入"f7"，单击"确定"退出"尺寸标注属性设置"对话框，完成直径 31 尺寸标注，如图 3 – 16 和图 3 – 17 所示。

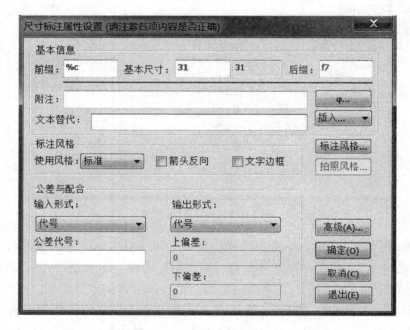

图 3 – 16　标注直径 31 尺寸

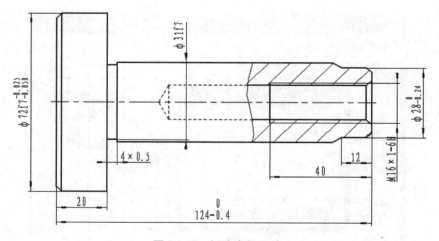

图 3 – 17　标注直径尺寸

7. 在"标注"选项卡中，单击"符号"面板上的"倒角标注"按钮 ，拾取倒角，拉动鼠标指定引线位置，单击鼠标左键完成倒角标注。在"标注"选项卡中，单击"尺寸"面板上的"角度标注"按钮 ，拾取中心水平直线后，单击斜线，标注出两条直

线间的夹角，如图 3 - 18 所示。

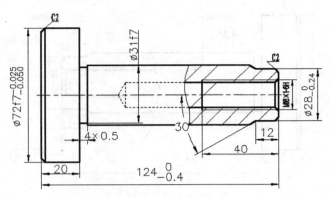

图 3 - 18 标注倒角尺寸

8. 在"标注"选项卡中，单击"符号"面板上的"形位公差"按钮 ，弹出"形位公差（GB）"对话框，如图 3 - 19 所示。单击要标注的垂直度公差符号，输入公差数值"0.04"，在基准框中输入"A"，单击"确定"按钮退出"形位公差（GB）对话框"，然后根据提示拾取标注元素并输入引线转折点后，单击指定位置，即完成形位公差的标注。同理，完成其他形位公差的标注，如图 3 - 20 所示。

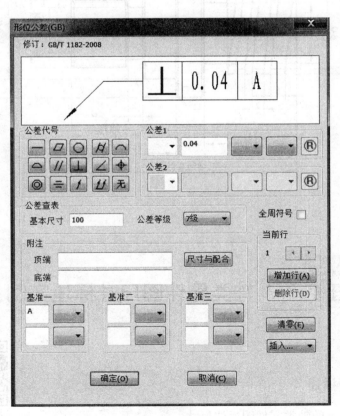

图 3 - 19 "形位公差（GB）"对话框

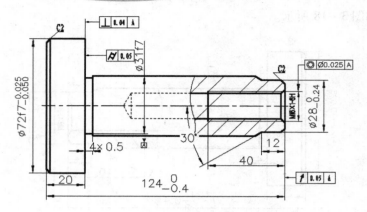

图 3 – 20　标注形位公差

3.2.4　课堂练习

给图 3 – 21 所示的螺纹轴零件图标注尺寸。

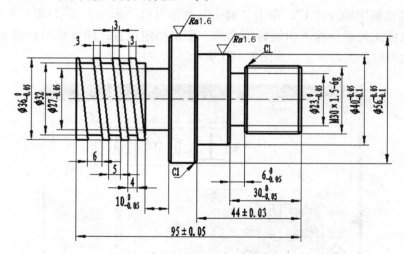

图 3 – 21　螺纹轴零件图

任务 3.3 轴类零件图尺寸标注实例

3.3.1　任务描述

给图 3 – 22 所示的轴类零件图标注尺寸。

轴类零件图尺寸标注实例

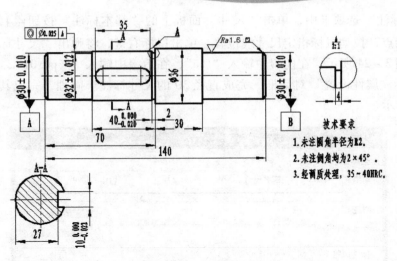

图 3 – 22　轴类零件图

3.3.2　任务解析

尺寸标注是图纸中必不可少的内容，需要通过标注来表达图形对象的尺寸大小和各种注释信息。本任务主要通过对轴类零件图标注尺寸，来学习线形尺寸、尺寸基准、尺寸公差、形位公差和技术上要求的标注方法。

3.3.3　任务实施

1. 在"标注"选项卡中，单击"尺寸"面板上的"基本标注"按钮，捕捉直线的两个端点，拖动鼠标指定尺寸线位置，完成 40、30、70 和 140 等的尺寸标注，如图 3 – 23 所示。

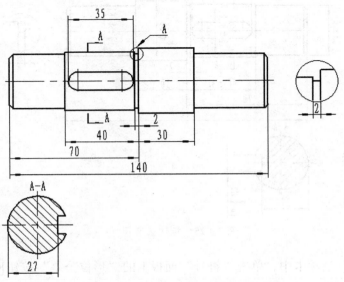

图 3 – 23　标注长度尺寸

2. 在"标注"选项卡中，单击"尺寸"面板上的"基本标注"按钮，捕捉直径尺寸线的两个端点，拉动鼠标指定尺寸线位置。单击鼠标右键，将弹出"尺寸标注属性设置"对话框，如图 3－24 所示。在前缀中输入"%c"，在后缀中输入"%p0.01"，单击"确定"退出"尺寸标注属性设置"对话框，完成直径 30 的尺寸标注。同理，完成其他尺寸标注，如图 3－25 所示。

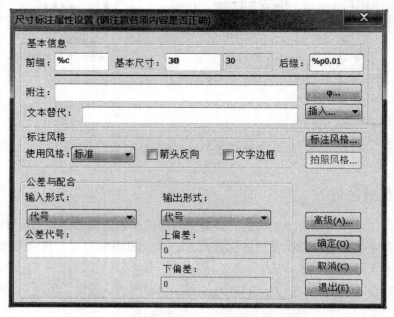

图 3－24 "尺寸标注属性设置"对话框

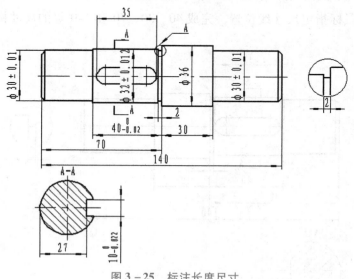

图 3－25 标注长度尺寸

3. 在"标注"选项卡中，单击"符号"面板上的"形位公差"按钮，弹出"形位公差（GB）"对话框。单击公差符号，输入公差数值"0.025"，在基准框中输入"A－B"，单击"确定"按钮退出"形位公差（GB）"对话框，然后根据提示拾取标注元素并输入引线转折点后，单击指定位置，即完成形位公差的标注。单击"符号"面板上的"基准代号"按钮 ，拾取定位点并确认标注位置即可生成基准代号，如图 3 - 26 所示。

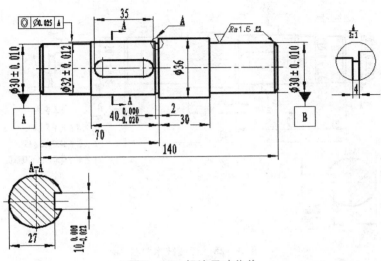

图 3 - 26　标注尺寸公差

4. 单击"文字"面板上的"技术要求"按钮 ，弹出"技术要求库"对话框，如图 3 - 27 所示。左下角的列表框中列出了所有已有的技术要求类别，右下角的表格中列出了当前类别

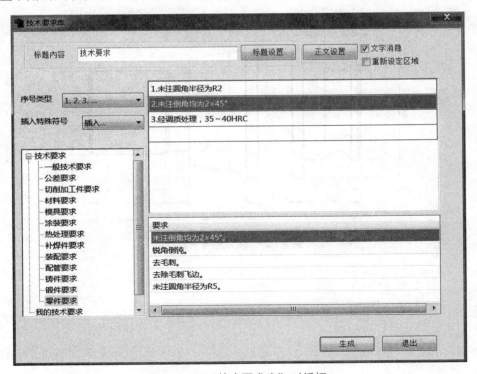

图 3 - 27　"技术要求库"对话框

的所有文本项。如果技术要求库中已经有了要用到的文本，则可以用鼠标直接将文本从表格中拖到上面的编辑框中合适的位置。也可以直接在编辑框中输入和编辑文本，如图 3 – 28 所示。

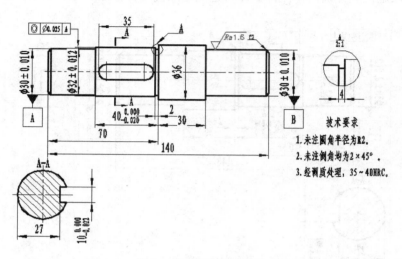

图 3 – 28　标注技术要求

3.3.4　课堂练习

给图 3 – 29 所示的螺纹轴零件图标注尺寸。

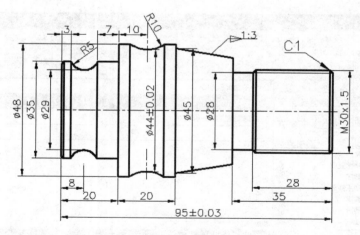

图 3 – 29　螺纹轴零件图

项目 4
CAXA 数控车 2020 零件车削编程基础

　　自动编程就是利用计算机专用软件编制数控加工程序的过程。CAXA 数控车 2020 软件是我国自主研发的一款集计算机辅助设计（CAD）和计算机辅助制造（CAM）于一体的数控车床专用软件，具有零件二维轮廓建模、刀具路径模拟、切削验证加工和后置代码生成等功能。在该软件的支持下，可以较好地解决曲线零件的计算机辅助设计与制造问题。

　　本项目主要学习 CAXA 数控车 2020 软件的刀具库管理及后置设置、成型面轴零件外轮廓粗精加工、椭圆轴零件的外轮廓粗精加工、双曲线轴零件的外轮廓粗精加工、双曲线轴零件的外轮廓粗精加工、反光杯抛物线零件的内轮廓粗精加工、阶梯轴零件外轮廓切槽粗精加工、盘类零件端面槽粗加工、螺纹切削复合循环加工、矩形牙型异形螺纹粗加工、轴类零件车削键槽加工、椭圆面零件等截面粗精加工和四棱柱零件 G01 钻孔加工，通过这些加工编程实例的学习，掌握 CAXA 数控车 2020 软件自动编程的基本方法。

任务 4.1 CAXA 数控车自动编程基础

CAXA 数控车
自动编程基础

4.1.1 任务描述

完成图 4 - 1 所示的阶梯轴零件粗加工程序编制。零件材料为 45 号钢，毛坯为 $\phi55$ mm 的棒料。

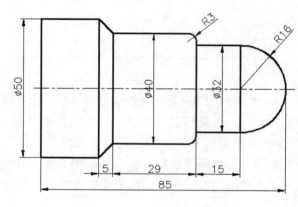

图 4 - 1 阶梯轴零件尺寸图

4.1.2 任务解析

CAXA 数控车实现加工的基本过程是：首先根据零件图尺寸绘制零件轮廓；设置好机床相关参数；根据工件形状制订相应的加工工艺方案。然后根据工件形状选择合适的加工方式生成刀位轨迹，最后进行刀位轨迹仿真，检查无问题后再生成加工程序代码，传输到数控车床进行零件加工。本任务主要通过阶梯轴零件的数控编程实例来学习 CAXA 数控车实现编程加工基本步骤。

4.1.3 任务实施

1. 建立工件坐标系。

世界坐标系，就是所生成的刀路要按照这个坐标系来生成 G 代码，也可以理解为编程坐标系，这个坐标系要与工件坐标系重合，并且必须要重合。

数控车床的坐标系一般为一个二维的坐标系 XOZ，其中，OZ 为水平轴，并将工作坐标系建立在工件的右端面中心位置，所以画图时应该从右端向左绘制。

2. 绘制毛坯轮廓。

在做轮廓粗车时，要确定被加工轮廓和毛坯轮廓，被加工轮廓就是加工结束后的工件表面轮廓，毛坯轮廓就是加工前毛坯的表面轮廓。被加工轮廓和毛坯轮廓两端点相连，两轮廓共同构成一个封闭的加工区域，在此区域的材料将被加工去除。生成粗加工轨迹时，只需绘制要加工部分的外轮廓和毛坯轮廓，组成封闭的区域（须切除部分）即可，其余线条可以不必画出。

在"常用"选项卡中，单击"绘图"面板中的"直线"按钮 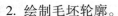，在"立即"菜单中，选择两点线、连续、正交方式，捕捉左角点，向上绘制 2 mm，向右绘制 89 mm 直线，向下绘制 31 mm。完成毛坯轮廓线绘制，如图 4-2 所示。

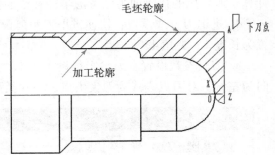

图 4-2　绘制毛坯轮廓图

3. 在"数控车"选项卡中，单击"二轴加工"面板中的"车削粗加工"按钮 ，弹出"车削粗加工"对话框，如图 4-3 所示。该功能用于实现对工件外轮廓表面、内轮廓表面和端面的粗车加工，用来快速清除毛坯的多余部分。加工参数设置：加工表面类型选择"外轮廓"，加工方式选择"行切"，加工角度设为 180°，切削行距设为 1，主偏角干涉角度设为 0°，副偏角干涉角度设为 10°，刀尖半径补偿选择"编程时考虑半径补偿"。

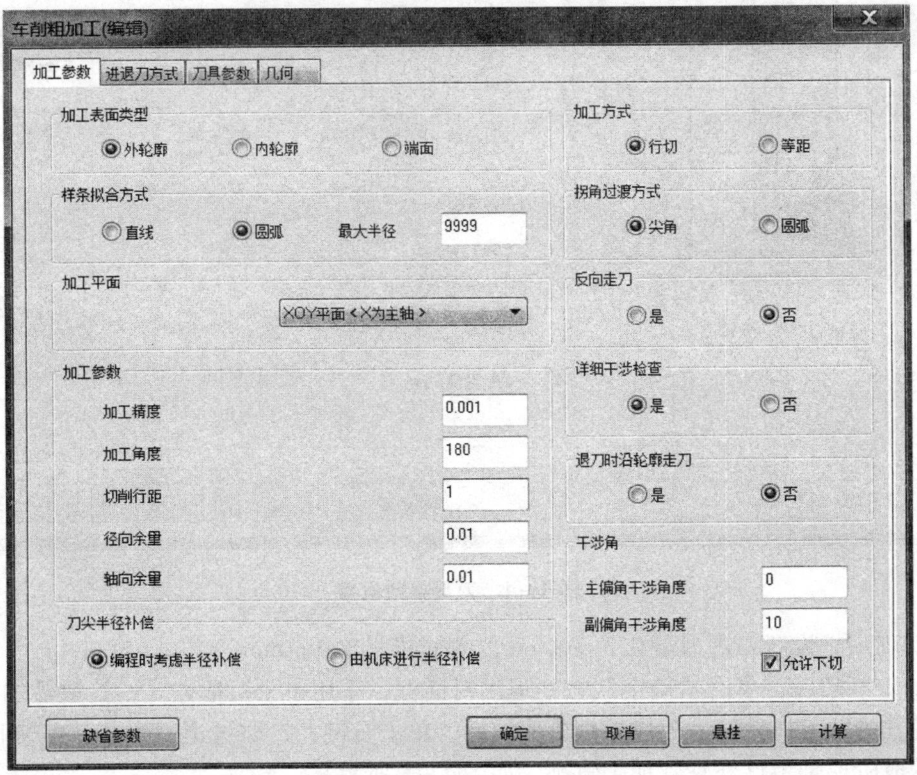

图 4-3　"车削粗加工"对话框

在软件坐标系中，X 正方向代表机床的 Z 轴正方向，Y 正方向代表机床的 X 轴的正方向。本软件用加工角度将软件的 Y 向转换成机床的 ZX 向，如果切外轮廓，刀具由右到左运动，与机床的 Z 正方向成 180°，所以加工角度取 180°；如果切端面，刀具从上往下运动，与机床的 Z 正方向成 −90°或 270°，所以加工角度取 −90°或 270°。

编程时考虑半径补偿：在生成加工轨迹时，系统根据当前所用刀具的刀尖半径进行补偿计算。所生成的代码即为已考虑半径补偿的代码，无须机床再进行刀尖半径补偿。

4. 进退刀方式设置：快速进退刀距离设置为 2。每行相对毛坯及加工表面的进刀方式设置为长度 1、夹角 45°。

5. 刀具参数设置：刀尖半径设为 0.4，主偏角设为 100°，副偏角设为 25°，刀具偏置方向为左偏，对刀点方式为刀尖尖点，刀片类型为普通刀片，如图 4−4 所示。

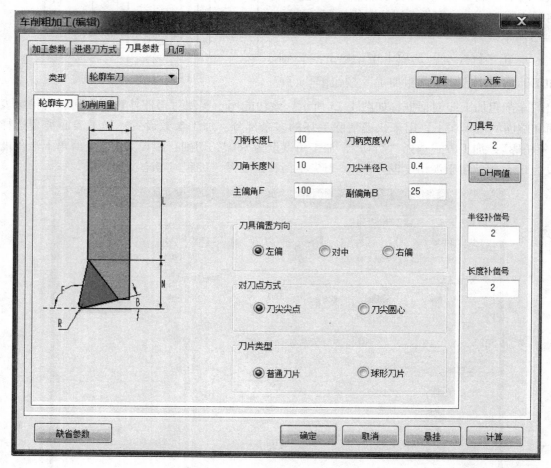

图 4−4　刀具参数设置

6. 切削用量设置：进刀量 0.3 mm/rev，主轴转速 800 r/min。

7. 确定参数后，单击"确定"按钮退出对话框，采用单个拾取方式，拾取被加工轮廓，单击右键，拾取毛坯轮廓。毛坯轮廓拾取完后，单击右键，拾取进退刀点 A，完成上述步骤后即可生成阶梯轴零件外轮廓加工轨迹，如图 4−5 所示。

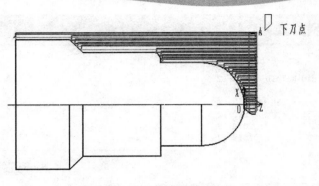

图 4 - 5　阶梯轴零件加工轨迹

8. 在"数控车"选项卡中,单击"仿真"面板中的"线框仿真"按钮⊗,弹出"线框仿真"对话框,如图 4 - 6 所示。单击"拾取"按钮,拾取加工轨迹,单击右键结束加工轨迹拾取,单击"前进"按钮,开始仿真加工过程。

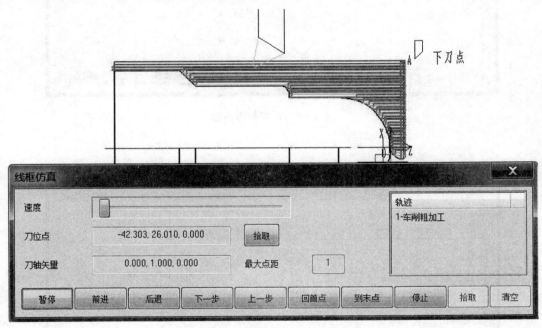

图 4 - 6　阶梯轴零件外轮廓加工轨迹仿真

9. 程序生成是根据当前数控系统的配置要求,把生成的加工轨迹转化成 G 代码数据文件,即生成 CNC 数控程序。具体操作过程如下:

在"数控车"选项卡中,单击"后置处理"面板中的"后置处理"按钮 **G**,弹出"后置处理"对话框,如图 4 - 7 所示。控制系统文件选择"Fanuc",机床配置文件选择"数控车床_2x_XZ",单击"拾取"按钮,拾取加工轨迹。然后单击"后置"按钮,弹出"编辑代码"对话框,如图 4 - 8 所示,生成阶梯轴零件外轮廓加工程序,在此也可以编辑、修改和保存此加工程序。

将生成的加工程序代码保存后,传输到数控车床就可以进行零件加工了。

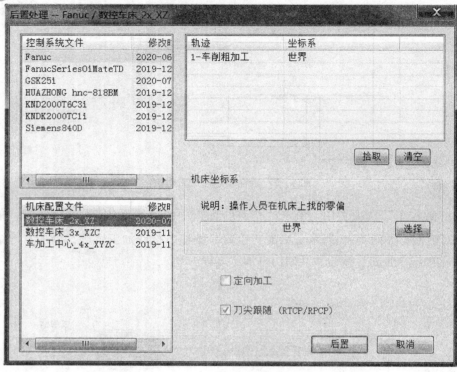

图 4 – 7   后置处理设置

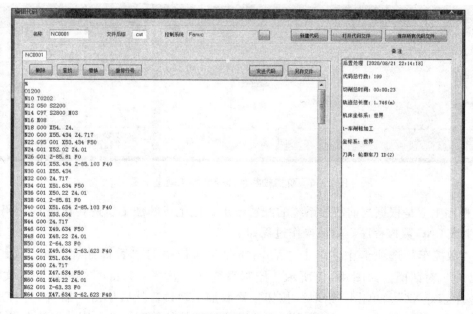

图 4 – 8   阶梯轴零件外轮廓加工程序

4.1.4　课堂练习

完成图 4 – 9 所示的锥面轴零件粗加工程序编制。零件材料为 45 号钢，毛坯为 φ55 的棒料。

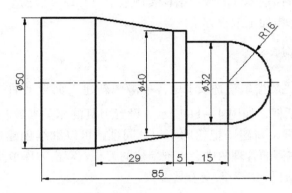

图 4 – 9　锥面轴零件图

任务 4.2　CAXA 数控车刀具库管理及后置处理设置

CAXA 数控车刀具库
管理及后置处理设置

4.2.1　任务描述

完成图 4 – 10 所示的阶梯轴零件粗加工程序编制。零件材料为 45 号钢，毛坯为 φ55 mm 的棒料。

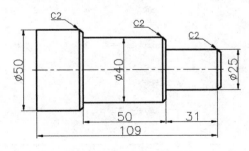

图 4 – 10　阶梯轴零件图

4.2.2　任务解析

定义、确定刀具的有关数据，以便用户从刀具库中获取刀具信息和对刀具库进行维护。

刀具库管理功能包括轮廓车刀、切槽刀具、螺纹车刀、钻孔刀具四种刀具类型的管理。后置处理设置就是针对不同的机床、不同的数控系统,设置特定的数控代码、数控程序格式及参数,并生成配置文件。生成数控程序时,系统根据该配置文件的定义生成用户所需要的特定代码格式的加工指令。

本任务主要通过阶梯轴零件的数控编程实例来学习 CAXA 数控车刀具创建、后置处理设置和阶梯轴零件外轮廓粗加工编程方法。

4.2.3　任务实施

1. 创建刀具:在"数控车"选项卡中,单击"新建"面板上的"创建刀具"按钮 ![],弹出"创建刀具"对话框,如图 4-11 所示。设置刀具的相关参数,单击"确定"按钮退出"创建刀具"对话框,新建一把轮廓车刀。同理,可以继续创建切槽刀具、螺纹车刀、钻孔刀具。在绘图区左侧的管理树中会出现新建的刀具,双击刀库节点下的刀具节点,可以弹出"编辑刀具"对话框,用来改变刀具参数。

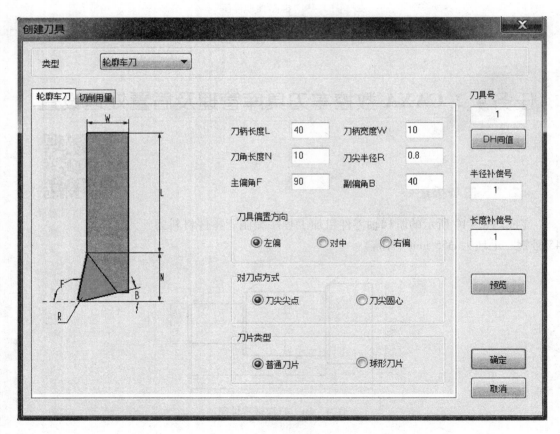

图 4-11　"创建刀具"对话框

常用车削加工刀具如图 4-12 所示。主偏角干涉角度应小于等于主偏角 -90°,副偏角干涉角度应小于等于副偏角。刀尖圆弧半径:粗车取 0.4~1,精车取 0.2~0.4。

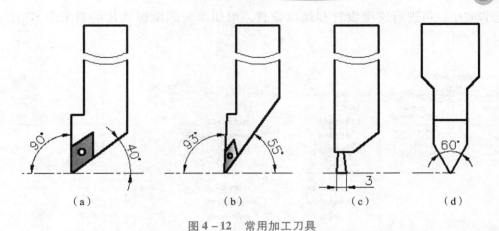

图 4 - 12　常用加工刀具

（a）90°轮廓车刀；（b）93°轮廓车刀；（c）切槽刀具；（d）螺纹车刀

　　2. 后置处理设置：在"数控车"选项卡中，单击"后置处理"面板中的"后置设置"按钮🔧，弹出"后置设置"对话框，如图 4 - 13 所示。左侧的上、下两个列表中分别列出了现有的控制系统文件与机床配置文件，在中间的各个标签页中对相关参数进行设置，右侧的测试栏中，单击轨迹标签页，选择加工轨迹文件，单击"生成代码"按钮，可以在代码标签页中看到当前的后置处理设置下选中轨迹所生成的 G 代码，便于用户对照后置处理设置的效果。

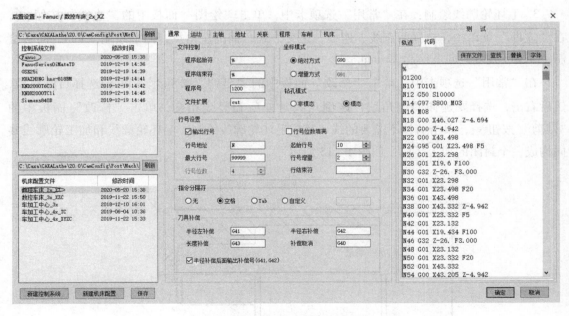

图 4 - 13　通常后置处理设置

　　通常情况下，可按自己的需要更改已有机床的后置处理设置。在图 4 - 14 所示的车削后置处理设置中，可进行速度设置和螺纹设置，例如车恒螺距螺纹代码原来为 G33，可改为 G32。

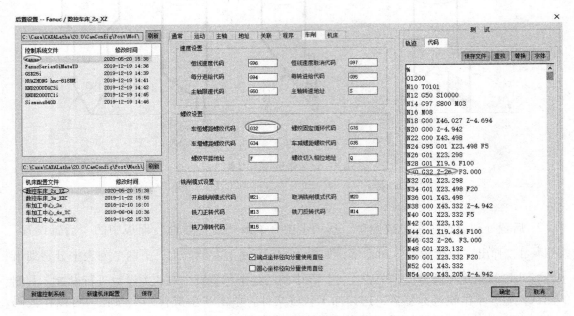

图 4 – 14　车削螺纹后置处理设置

3. 毛坯轮廓线绘制：在"常用"选项卡中，单击"绘图"面板中的"直线"按钮，在"立即"菜单中，选择两点线、连续、正交方式，捕捉左角点，向上绘制 2 mm，向右绘制 114 mm 直线，向下绘制 22 mm。

在"常用"选项卡中，单击"修改"面板中的"延伸"按钮，单击选择目标对象，然后右击，选择要延伸的倒角线，该倒角线延伸后和竖线相交。单击"修改"面板中的"裁剪"按钮，单击剪掉不需要的线，完成毛坯轮廓线绘制。毛坯轮廓线和加工轮廓线共同构成一个封闭的加工区域，如图 4 – 15 所示。

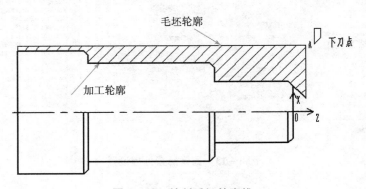

图 4 – 15　绘制毛坯轮廓线

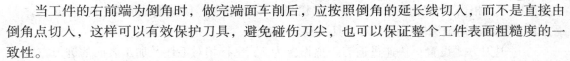

当工件的右前端为倒角时，做完端面车削后，应按照倒角的延长线切入，而不是直接由倒角点切入，这样可以有效保护刀具，避免碰伤刀尖，也可以保证整个工件表面粗糙度的一致性。

4. 外轮廓粗加工：在"数控车"选项卡中，单击"二轴加工"面板中的"车削粗加工"按钮 ⅄，弹出"车削粗加工"对话框，如图 4 – 16 所示。该功能用于实现对工件外轮廓表面、内轮廓表面和端面的粗车加工，用来快速清除毛坯的多余部分。加工参数设置：加工表面类型选择"外轮廓"，加工方式选择"行切"，加工角度设为 180°，切削行距设为 1，主偏角干涉角度为 0°，副角偏干涉角度设为 40°，刀尖半径补偿选择"编程时考虑半径补偿"。

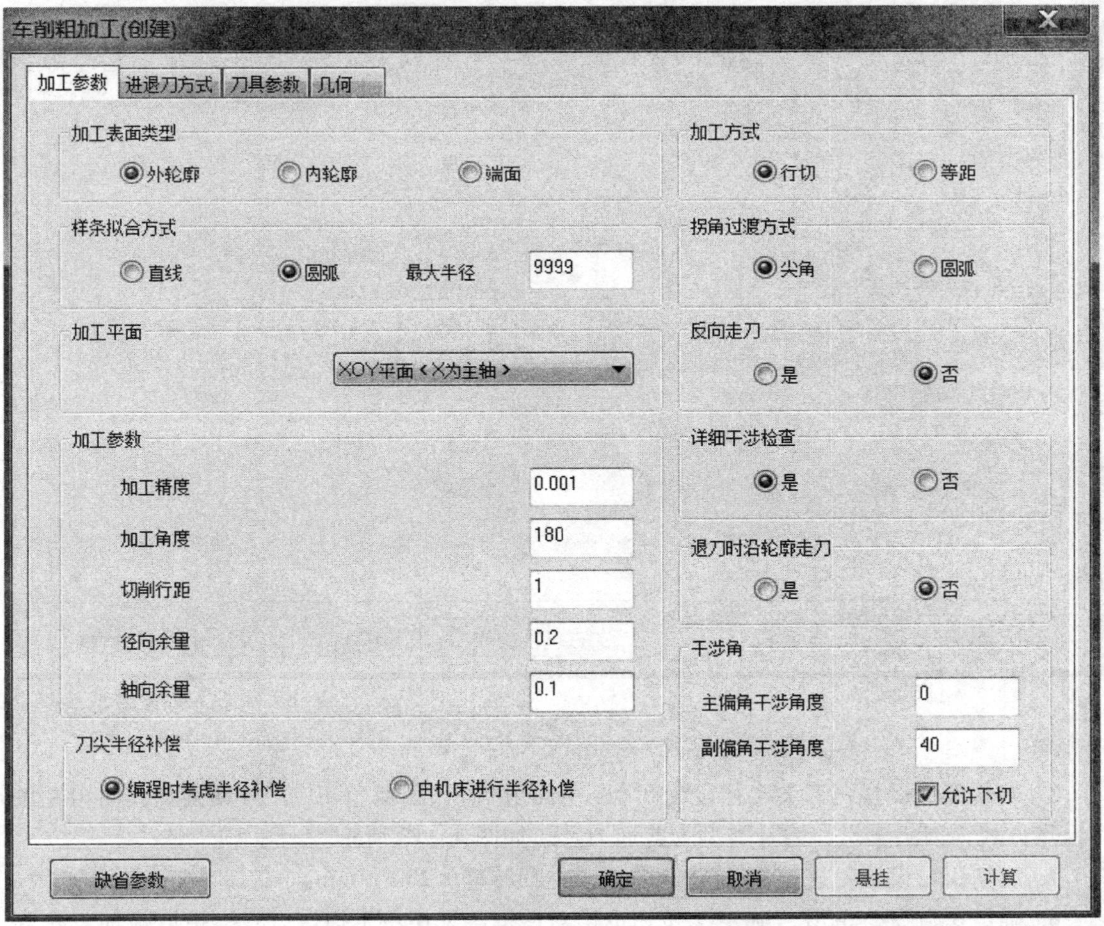

图 4 – 16　"车削粗加工"对话框

行切方式相当于 G71 指令，等距方式相当于 G73 指令，自动编程时常用行切方式，等距方式容易造成切削深度不同，对刀具不利。

5. 进退刀方式设置：快速进退刀距离设置为 2。每行相对毛坯及加工表面的进刀方式设置为长度 1、夹角 45°，如图 4 - 17 所示。

图 4 - 17 进退刀方式设置

6. 刀具参数设置：刀尖半径设为 0.6，主偏角 90°，副偏角 40°，刀具偏置方向为左偏，对刀点方式为刀尖尖点，刀片类型为普通刀片，如图 4 - 18 所示。

7. 切削用量设置：进刀量 0.1 mm/rev，主轴转速 2 200 r/min。

8. 确定参数后，单击"确定"按钮退出对话框，采用单个拾取方式，拾取被加工轮廓。单击右键，拾取毛坯轮廓。毛坯轮廓拾取完后，单击右键，拾取进退刀点 A。完成上述步骤后，即可生成阶梯轴零件加工轨迹，如图 4 - 19 所示。

9. 程序生成是根据当前数控系统的配置要求，把生成的加工轨迹转化成 G 代码数据文件，即生成 CNC 数控程序。具体操作过程如下：

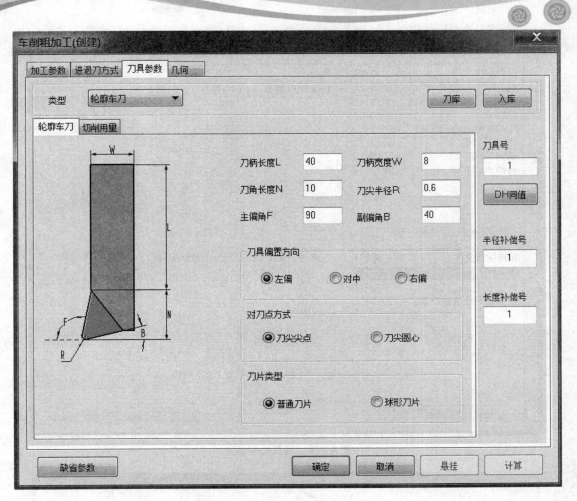

图 4 – 18 刀具参数设置

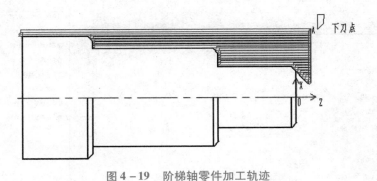

图 4 – 19 阶梯轴零件加工轨迹

在"数控车"选项卡中,单击"后置处理"面板中的"后置处理"按钮 **G**,弹出"后置处理"对话框,如图 4 – 20 所示。选择控制系统文件"Fanuc",机床配置文件选择"数控车床_2x_XZ",单击"拾取"按钮,拾取加工轨迹,然后单击"后置"按钮,弹出"编辑代码"对话框,如图 4 – 21 所示,生成阶梯轴零件加工程序,在此也可以编辑、修改和保存此加工程序。

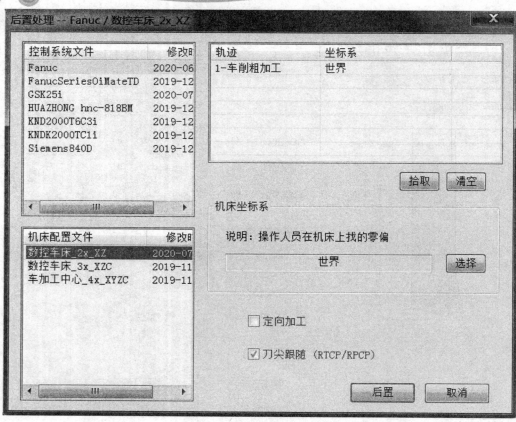

图 4-20 后置处理设置

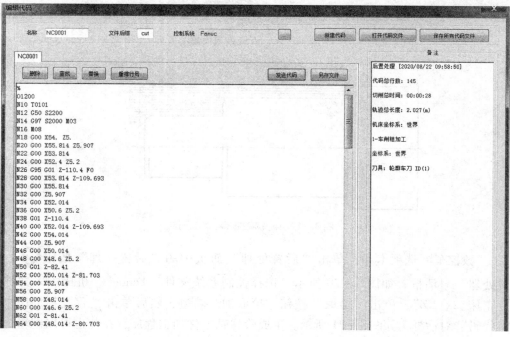

图 4-21 生成和编辑 G 代码程序

4.2.4　课堂练习

加工图 4 - 22 所示零件。根据图样尺寸及技术要求，完成外轮廓粗加工程序。

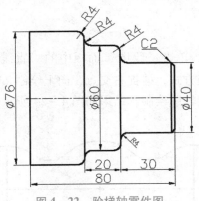

图 4 - 22　阶梯轴零件图

任务 4.3　成型面轴零件外轮廓粗精加工

成型面轴零件
外轮廓粗精加工

4.3.1　任务描述

完成图 4 - 23 所示成型面轴零件粗精加工程序编制。零件材料为 45 号钢，毛坯为 φ50 mm 的棒料。

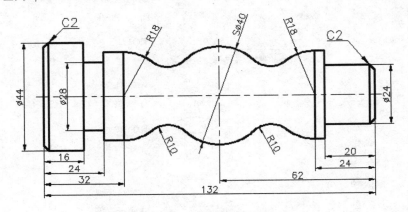

图 4 - 23　成型面轴零件图

4.3.2　任务解析

该零件表面由圆柱、顺圆弧和逆圆弧等组成。加工顺序按由粗到精、由近到远（由右向左）的原则确定。即先车端面，再从右向左进行粗车，然后从右向左进行精车，最后切槽加工。本任务主要通过成型面轴零件的数控编程实例来学习 CAXA 数控车平端面、外轮廓粗精加工、切槽加工方法。

4.3.3　任务实施

4.3.3.1　车右端面

1. 在"常用"选项卡中，单击"绘图"面板中的"直线"按钮 ✏，在"立即"菜单中，选择两点线、连续、正交方式，捕捉右交点，向上绘制 24 mm 竖直线，向右绘制 2 mm 水平线，完成加工轮廓和毛坯轮廓绘制，结果如图 4-24 所示。

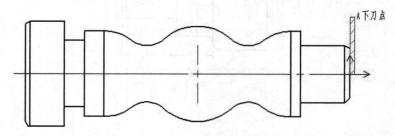

图 4-24　绘制加工轮廓和毛坯轮廓

2. 在"数控车"选项卡中，单击"二轴加工面板"中的"车削粗加工"按钮 🖵，弹出"车削粗加工"对话框，如图 4-25 所示。加工参数设置：加工表面类型选择"端面"，

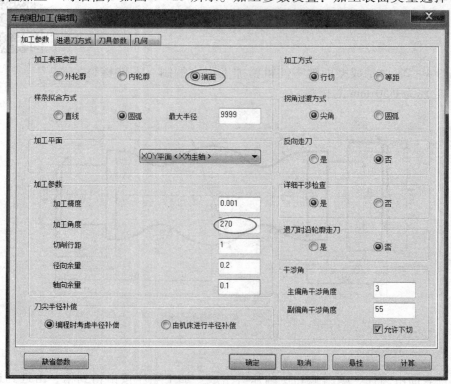

图 4-25　粗车右端面加工参数设置

加工方式选择"行切"，加工角度为 270°，切削行距设为 1，主偏角干涉角度为 3°，副偏角干涉角度设为 55°，刀尖半径补偿选择"编程时考虑半径补偿"。

3. 每行相对毛坯及加工表面的进刀方式设置为长度 1、夹角 45°。选择端面车刀，刀尖半径设为 0.6，主偏角 93°，副偏角 55°，刀具偏置方向为右偏，对刀点方式为刀尖尖点，刀片类型为普通刀片，如图 4–26 所示。

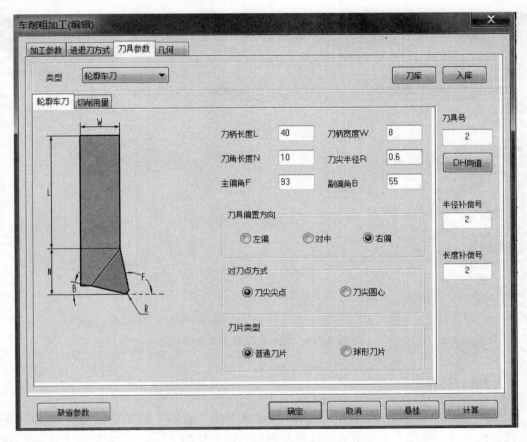

图 4–26　粗车右端面刀具参数设置

4. 单击"确定"按钮退出对话框，采用单个拾取方式拾取被加工轮廓，单击右键，拾取毛坯轮廓。毛坯轮廓拾取完后，单击鼠标右键，拾取进退刀点 A，系统自动生成刀具轨迹，如图 4–27 所示。

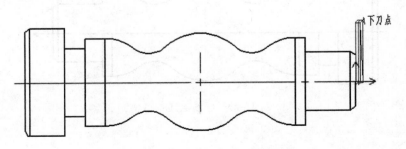

图 4–27　右端面刀具轨迹

　5. 在"数控车"选项卡中，单击"后置处理"面板中的"后置处理"按钮 **G**，弹出"后置处理"对话框，选择控制系统文件"Fanuc"，机床配置文件选择"数控车床_2x_XZ"，单击"拾取"按钮，拾取加工轨迹，然后单击"后置"按钮，弹出"编辑代码"对话框，如图 4 – 28 所示，生成零件右端面轮廓粗加工程序。

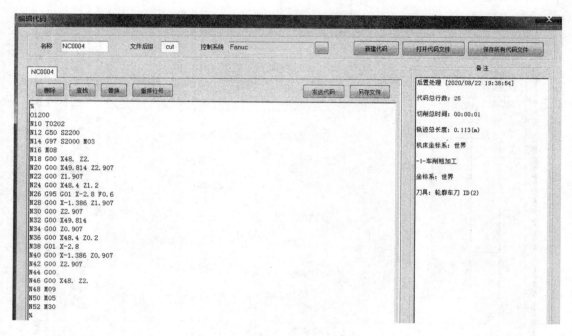

图 4 – 28　粗车右端面加工程序

4.3.3.2　外轮廓粗加工

　1. 在"常用"选项卡中，单击"绘图"面板中的"直线"按钮 ╱，在"立即"菜单中，选择两点线、连续、正交方式，捕捉左角点，向上绘制 2 mm，向右绘制 120 mm 直线，向下绘制 12.46 mm。用延伸命令延长倒角线，完成毛坯轮廓线绘制，如图 4 – 29 所示。

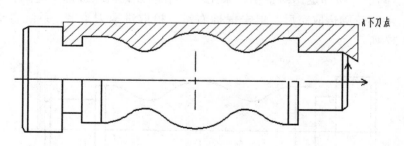

图 4 – 29　绘制毛坯轮廓线

在绘制图形轮廓时，难免有多条线条交叉和重合的现象，如果在图形轮廓绘制完成之后没有及时删除重线，就会给后面的拾取线条确定加工轮廓和毛坯轮廓带来干扰。

2. 在"数控车"选项卡中，单击"二轴加工"面板中的"车削粗加工"按钮 ，弹出"车削粗加工"对话框，如图 4-30 所示。加工参数设置：加工表面类型选择"外轮廓"，加工方式选择"行切"，加工角度为 180°，切削行距设为 1，主偏角干涉角度设为 3°，副偏角干涉角度设为 55°，刀尖半径补偿选择"编程时考虑半径补偿"。

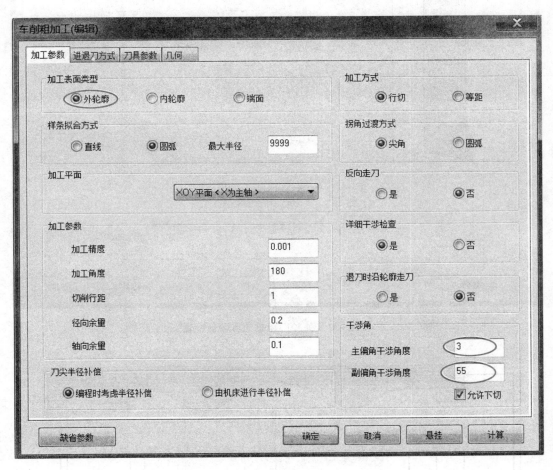

图 4-30　"车削粗加工"对话框

3. 每行相对毛坯及加工表面的进刀方式设置为长度 1、夹角 45°。选择外轮廓车刀，刀尖圆弧半径设为 0.4，主偏角为 93°，副偏角为 55°，刀具偏置方向为左偏，对刀点方式为刀尖尖点，刀片类型为普通刀片，如图 4-31 所示。

4. 单击"确定"按钮退出对话框，采用单个拾取方式，拾取被加工轮廓，单击右键，拾取毛坯轮廓。毛坯轮廓拾取完后，单击鼠标右键，拾取进退刀点 A，系统自动生成刀具轨迹，如图 4-32 所示。

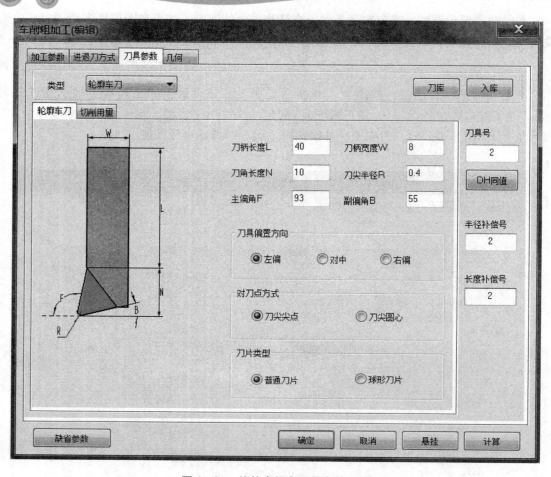

图 4-31　外轮廓粗车刀具参数设置

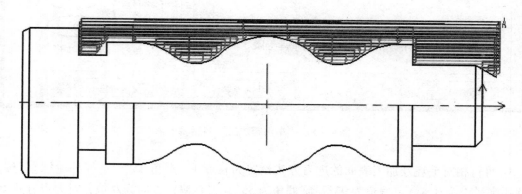

图 4-32　外轮廓粗车加工轨迹

5. 在"数控车"选项卡中，单击"仿真"面板中的"线框仿真"按钮⊗，弹出"线框仿真"对话框，如图 4-33 所示。单击"拾取"按钮，拾取加工轨迹，单击右键结束加工轨迹拾取，单击"前进"按钮，开始仿真加工过程。

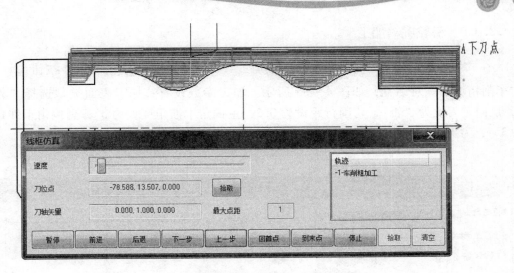

图 4-33　成形面轴零件加工轨迹仿真

6. 在"数控车"选项卡中，单击"后置处理"面板中的"后置处理"按钮 **G**，弹出"后置处理"对话框，选择控制系统文件"Fanuc"，机床配置文件选择"数控车床_2x_XZ"，单击"拾取"按钮，拾取加工轨迹，然后单击"后置"按钮，弹出"编辑代码"对话框，如图 4-34 所示，生成零件外轮廓粗加工程序。

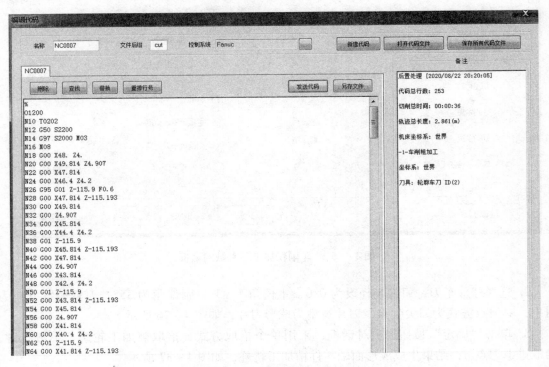

图 4-34　生成和编辑 G 代码程序

4.3.3.3　外轮廓精加工

1. 在"数控车"选项卡中，单击"二轴加工"面板中的"车削精加工"按钮，弹出"车削精加工"对话框，如图 4 - 35 所示。加工参数设置：加工表面类型选择"外轮廓"，反向走刀设为"否"，切削行距设为 0.2，主偏角干涉角度设为 3°，副偏角干涉角度设为 35°，刀尖半径补偿选择"编程时考虑半径补偿"，径向余量和轴向余量都设为 0。

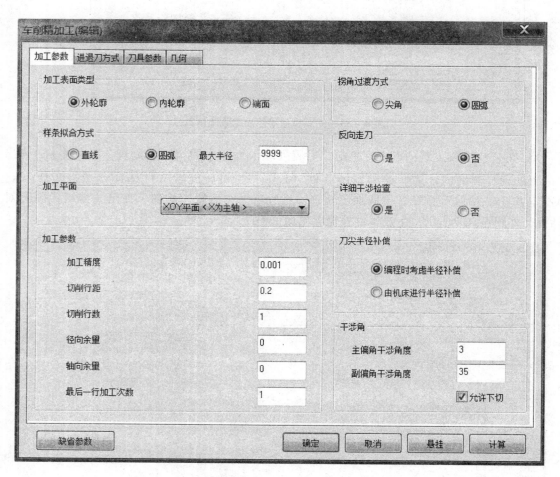

图 4 - 35　"车削精加工"参数对话框

2. 选择球形车刀，刀尖半径设为 0.6，主偏角为 93°，副偏角为 35°，刀具偏置方向为对中，对刀点方式为刀尖尖点，刀片类型为球形刀片，如图 4 - 36 所示。

3. 单击"确定"按钮退出对话框，采用单个拾取方式，拾取被加工轮廓，单击右键，拾取进退刀点 A，结果生成成形面轴零件精加工轨迹，如图 4 - 37 所示。

4. 在"数控车"选项卡中，单击"后置处理"面板中的"后置处理"按钮 **G**，弹出"后置处理"对话框，选择控制系统文件"Fanuc"，机床配置文件选择"数控车床_2x_

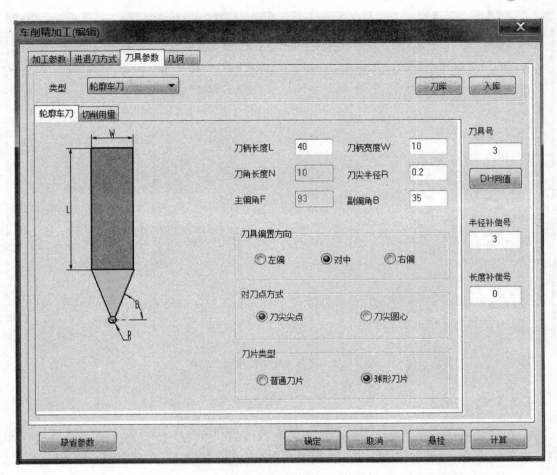

图 4 – 36　刀具参数设置

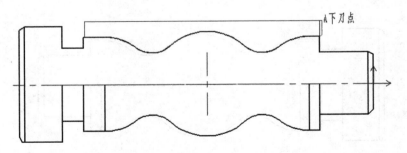

图 4 – 37　成形面轴零件精加工轨迹

XZ", 单击 "拾取" 按钮, 拾取加工轨迹, 然后单击 "后置" 按钮, 弹出 "编辑代码" 对话框, 如图 4 – 38 所示, 生成成形面轴零件精加工程序。

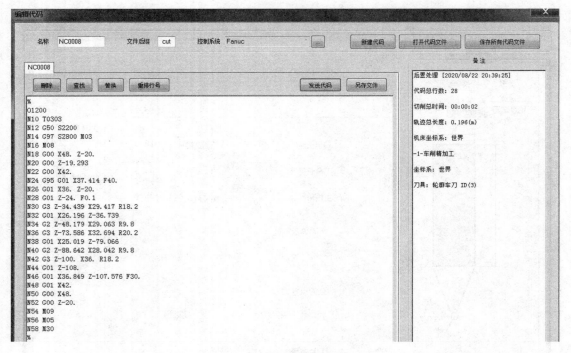

图 4 - 38　成形面轴零件精加工程序

4.3.3.4　切槽加工

1. 在"常用"选项卡中，单击"绘图"面板中的"直线"按钮 ╱ ，在"立即"菜单中，选择两点线、连续、正交方式，捕捉槽左交点，向上绘制 2 mm 竖直线，两边竖线上边平齐，完成加工轮廓绘制，结果如图 4 - 39 所示。

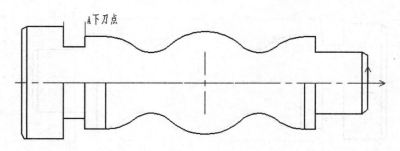

图 4 - 39　绘制加工轮廓

2. 在"数控车"选项卡中，单击"二轴加工"面板中的"车削槽加工"按钮 ，弹出"车削槽加工"对话框，如图 4 - 40 所示。加工参数设置：切槽表面类型选择"外轮廓"，加工方向选择"纵深"，加工余量设为 0.2，切深行距设为 1，退刀距离为 2，刀尖半径补偿选择"编程时考虑半径补偿"。

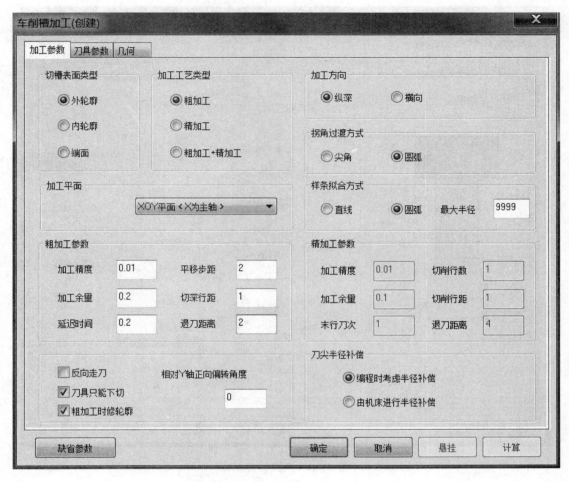

图 4 - 40　加工参数设置

切槽加工方向分为纵深和横向两种。纵深是顺着槽深方向加工，横向是垂直槽深方向加工，通常情况下以横向加工方向为主，可以获得较好的工艺效果，但对刀具侧刃磨损较大。

3. 选择宽度 4 mm 的切槽刀，刀尖半径设为 0.4，刀具位置 5，如图 4 - 41 所示。

4. 切削用量设置：进刀量 0.4 mm/rev，主轴转速 1 000 r/min。

5. 单击"确定"按钮退出对话框，采用单个拾取方式，拾取被加工轮廓，单击右键，拾取进退刀点 A，结果生成切槽加工轨迹，如图 4 - 42 所示。

6. 在"数控车"选项卡中，单击"后置处理"面板中的"后置处理"按钮 **G**，弹出"后置处理"对话框，选择控制系统文件"Fanuc"，机床配置文件选择"数控车床_2x_XZ"，单击"拾取"按钮，拾取加工轨迹，然后单击"后置"按钮，弹出"编辑代码"对话框，如图 4 - 43 所示，生成切槽加工程序。

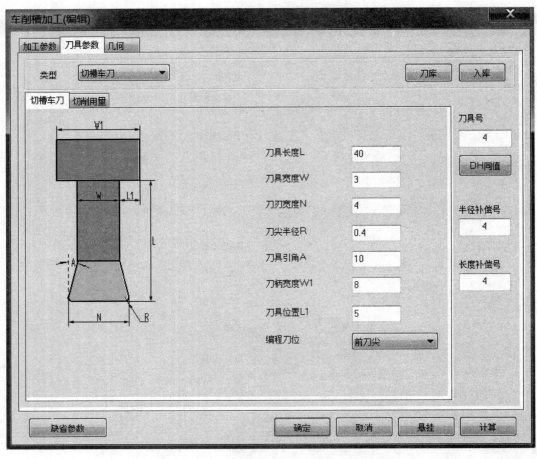

图 4 - 41　刀具参数设置

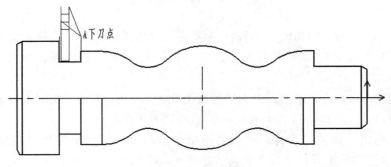

图 4 - 42　切槽加工轨迹

4.3.4　课堂练习

完成图 4 - 44 所示成型面轴零件粗精加工程序编制。零件材料为 45 号钢,毛坯为 φ50 mm 的棒料。

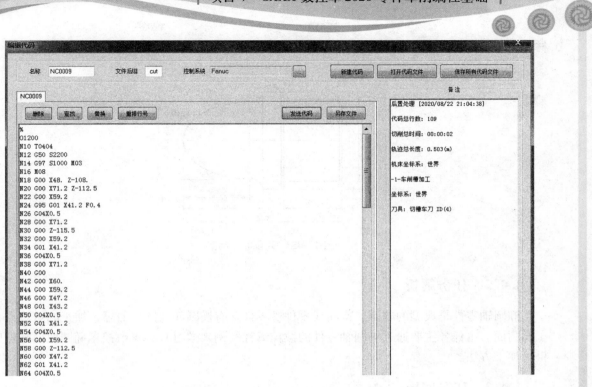

图 4 - 43　生成 G 代码程序

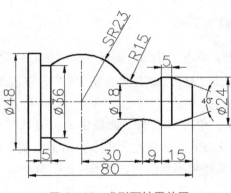

图 4 - 44　成型面轴零件图

任务 4.4 椭圆轴零件的外轮廓粗精加工

4.4.1　任务描述

完成图 4 - 45 所示椭圆轴零件的外轮廓的粗精加工程序编制。零件

椭圆轴零件的
外轮廓粗精加工

材料为 45 号钢。

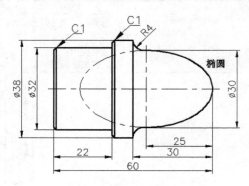

图 4-45 椭圆轴零件图

4.4.2 任务解析

椭圆轴零件是典型的非圆二次曲线零件。零件含有椭圆面及圆柱面等，加工的重难点在于椭圆面。本任务主要通过椭圆轴零件的数控编程实例来学习 CAXA 数控车椭圆曲面外轮廓粗精加工方法。

4.4.3 任务实施

4.4.3.1 右端外轮廓粗加工

1. 在"常用"选项卡中，单击"绘图"面板中的"圆心-起点-圆心角"按钮 ，输入圆心坐标"5,0"，捕捉起点"O"，输入圆心角"90"，完成 1/4 圆弧绘制，如图 4-46 所示。

2. 在"常用"选项卡中，单击"绘图"面板中的"直线"按钮 ，在"立即"菜单中，选择两点线、连续、正交方式，捕捉左上角点，向上绘制 2 mm，向右绘制 35 mm 到 A 点，向下绘制 26 mm，完成毛坯轮廓线绘制，如图 4-47 所示。

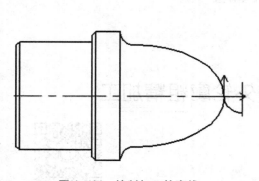

图 4-46 绘制加工轮廓线

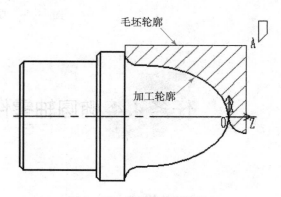

图 4-47 绘制毛坯轮廓线

3. 在"数控车"选项卡中，单击"二轴加工"面板中的"车削粗加工"按钮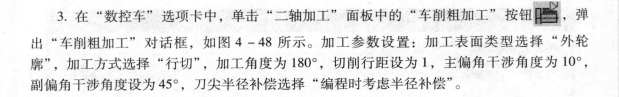，弹出"车削粗加工"对话框，如图 4-48 所示。加工参数设置：加工表面类型选择"外轮廓"，加工方式选择"行切"，加工角度为 180°，切削行距设为 1，主偏角干涉角度为 10°，副偏角干涉角度设为 45°，刀尖半径补偿选择"编程时考虑半径补偿"。

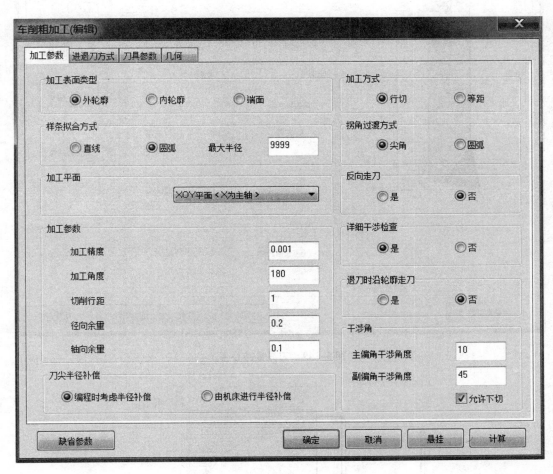

图 4-48　"车削粗加工"对话框

4. 选择 35° 刀片，刀尖半径设为 0.6，主偏角为 100°，副偏角为 45°，刀具偏置方向为左偏，对刀点方式为刀尖尖点，刀片类型为普通刀片，如图 4-49 所示。

5. 单击"确定"按钮退出对话框，采用单个拾取方式，拾取被加工轮廓，单击右键，拾取毛坯轮廓。毛坯轮廓拾取完后，单击右键，拾取进退刀点 A，生成零件外轮廓加工轨迹，如图 4-50 所示。

6. 在"数控车"选项卡中，单击"后置处理"面板中的"后置处理"按钮 **G**，弹出"后置处理"对话框，选择控制系统文件"Fanuc"，机床配置文件选择"数控车床_2x_

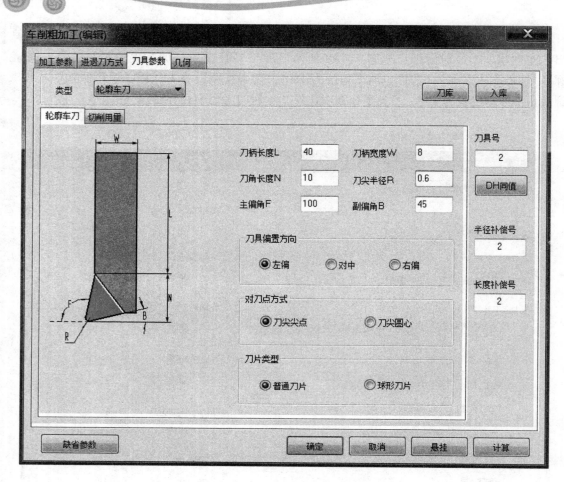

图 4 - 49　刀具参数设置

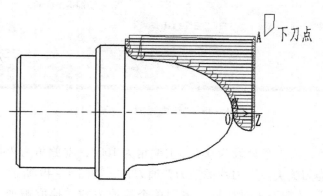

图 4 - 50　外轮廓粗加工轨迹

XZ", 单击"拾取"按钮, 拾取外轮廓精加工轨迹, 然后单击"后置"按钮, 弹出"编辑代码"对话框, 如图 4 - 51 所示, 生成外轮廓粗加工程序。

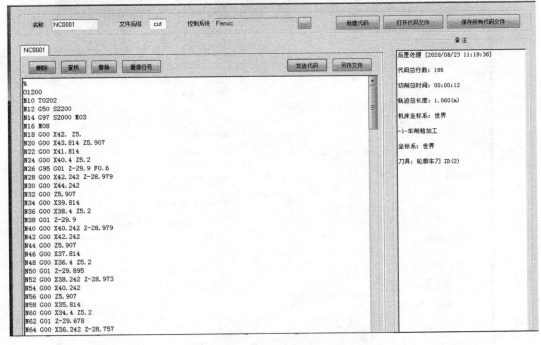

图 4 – 51 外轮廓粗加工程序

4.4.3.2 右端外轮廓精加工

1. 保留前面粗加工的加工轮廓，确定进退刀点 A，如图 4 – 52 所示。

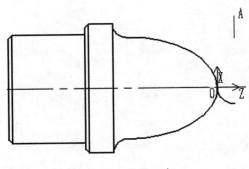

图 4 – 52 进退刀点 A

2. 在"数控车"选项卡中，单击"二轴加工"面板中的"车削精加工"按钮，弹出"车削精加工"对话框。设置加工参数：加工表面类型选择"外轮廓"，加工方式选择"行切"，切削行距设为 0.2，径向余量为 0，轴向余量为 0，主偏角干涉角度为 10°，副偏角干涉角度设为 45°，刀尖半径补偿选择"编程时考虑半径补偿"，如图 4 – 53 所示。

3. 选择 100°外圆车刀，刀尖半径设为 0.2，主偏角为 100°，副偏角为 45°，刀具偏置方向为左偏，对刀点方式为刀尖尖点，刀片类型为球形刀片，如图 4 – 54 所示。

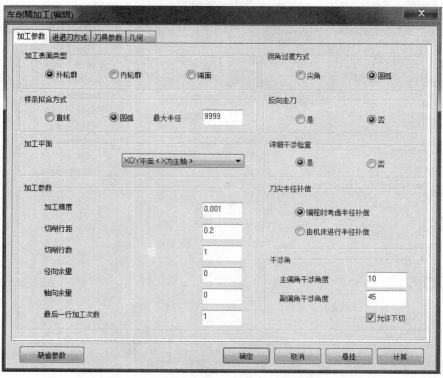

图 4 - 53 "车削精加工"对话框

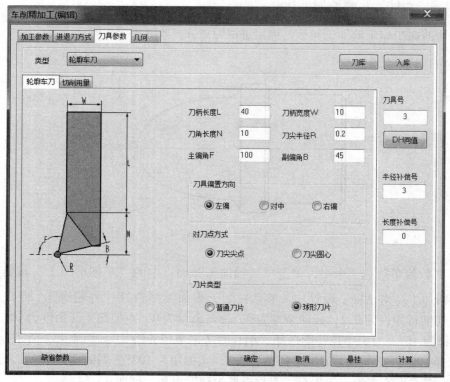

图 4 - 54 刀具参数设置

4. 单击"确定"按钮退出对话框，采用单个拾取方式，拾取被加工轮廓。单击右键，拾取毛坯轮廓。毛坯轮廓拾取完后，单击右键，拾取进退刀点 A，结果生成外轮廓精加工轨迹，如图 4-55 所示。

5. 在"数控车"选项卡中，单击"后置处理"面板中的"后置处理"按钮 **G**，弹出"后置处理"对话框，选择控制系统文件"Fanuc"，机床配置文件选择"数控车床_2x_XZ"，单击"拾取"按钮，拾取外轮廓精加工

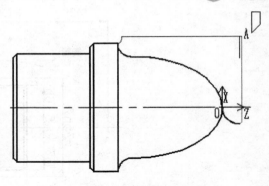

图 4-55　外轮廓精加工轨迹

轨迹，然后单击"后置"按钮，弹出"编辑代码"对话框，如图 4-56 所示，生成外轮廓精加工程序。

```
%
O1200
N12 G00 G97 S800 T0202
N14 M03
N16 M08
N18 X51.03 Z3.
N20 X52.735 Z3.507
N22 G99 G01 X1.414 F100
N24 X0. Z2.8
N26 Z-0.001 F2000
N28 G03 X7.539 Z-0.547 I-0.2 K-14.668
N30 X14.937 Z-2.068 I-4.676 K-16.635
N32 X21.887 Z-4.506 I-9.738 K-17.575
N34 X27.816 Z-7.528 I-18.008 K-20.629
N36 X33.653 Z-11.617 I-24.555 K-20.614
N38 X38.311 Z-16.058 I-36.677 K-22.062
N40 X42.97 Z-22.334 I-44.331 K-20.026
N42 X46.031 Z-28.844 I-57.643 K-16.988
N44 X46.574 Z-30.507 I-61.341 K-10.86
N46 X47.027 Z-32.176 I-63.274 K-9.446
N48 X47.257 Z-33.178 I-64.055 K-7.845
N50 X47.455 Z-34.182 I-64.905 K-6.921
N52 G01 X48.735 Z-33.414 F200
N54 X52.735
N56 G00
N58 X51.03 Z3.
N60 M09
N62 M30
%
```

图 4-56　外轮廓精加工程序

4.4.4　课堂练习

完成图 4-57 所示的椭圆轴零件粗加工程序编制。零件材料为 45 号钢，毛坯为 $\phi50$ mm 的棒料。

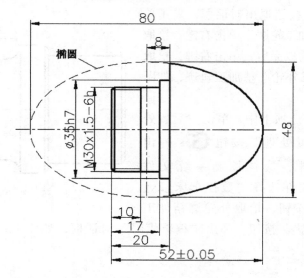

图 4 – 57　椭圆轴零件图

任务 4.5　双曲线轴零件的外轮廓粗精加工

双曲线轴零件的
外轮廓粗精加工

4.5.1　任务描述

　　完成图 4 – 58 所示的双曲线轴零件粗加工程序编制。零件材料为
45 号钢，毛坯为 $\phi40$ mm 的棒料。

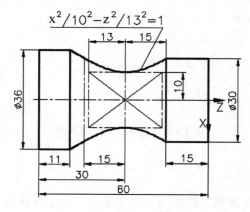

图 4 – 58　双曲线轴零件图

4.5.2　任务解析

双曲线轴零件是典型的非圆二次曲线零件。零件含有双曲线面及圆柱面等，加工的重难点在于双曲线曲面。双曲线轴零件图绘制方法参考项目 2 任务 2.5。本任务主要通过双曲线轴零件的数控编程实例来学习 CAXA 数控车双曲线曲面外轮廓粗精加工方法。

4.5.3　任务实施

4.5.3.1　双曲线曲面外轮廓粗加工

1. 在"常用"选项卡中，单击"绘图"面板中的"直线"按钮 ╱，在"立即"菜单中，选择两点线、连续、正交方式，捕捉左角点，向上绘制 2 mm，向右绘制 38 mm 直线。用"延伸"命令延长双曲线与竖线相交，完成毛坯轮廓线绘制，如图 4 - 59 所示。

2. 在"数控车"选项卡中，单击"二轴加工"面板中的"车削粗加工"按钮 ，弹出"车削粗加工"对话框，如图 4 - 60 所示。加工参数设置：加工表面类型选择"外轮廓"，加工方式选择"等距"，加工角度为 180°，切削行距设为 1，主偏角干涉角度要求小于 10°，副偏角干涉角度设为 45°，刀尖半径补偿选择"编程时考虑半径补偿"。

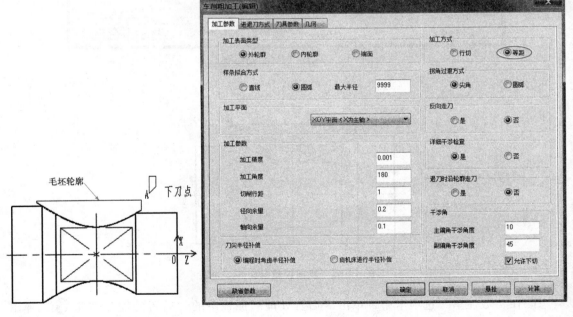

图 4 - 59　绘制毛坯轮廓线　　　　图 4 - 60　车削粗加工参数对话框

3. 选择球形车刀，刀尖半径设为 0.6，主偏角为 100°，副偏角为 45°，刀具偏置方向为对中，对刀点方式为刀尖尖点，刀片类型为球形刀片，如图 4 - 61 所示。

4. 单击"确定"按钮退出对话框，采用单个拾取方式，拾取被加工轮廓，单击右键，拾取毛坯轮廓。毛坯轮廓拾取完后，单击鼠标右键，拾取进退刀点 A，系统自动生成刀具轨迹，如图 4－62 所示。

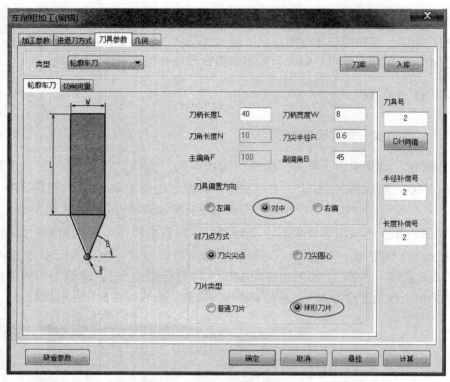

图 4－61　刀具参数设置

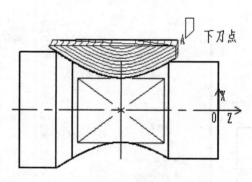

图 4－62　双曲线轮廓粗加工轨迹

5. 在"数控车"选项卡中，单击"后置处理"面板中的"后置处理"按钮 **G**，弹出"后置处理"对话框，选择控制系统文件"Fanuc"，机床配置文件选择"数控车床_2x_XZ"，单击"拾取"按钮，拾取加工轨迹，然后单击"后置"按钮，弹出"编辑代码"对话框，如图 4－63 所示，生成零件外轮廓粗加工程序。

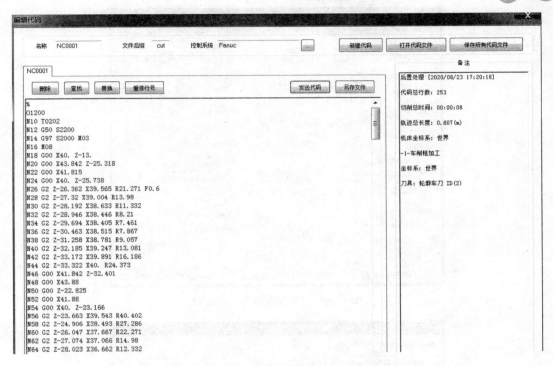

图 4 - 63　双曲线曲面外轮廓粗加工程序

4.5.3.2　双曲线曲面外轮廓精加工

1. 保留前面双曲线粗加工加工轮廓，确定进退刀点 A，如图 4 - 64 所示。

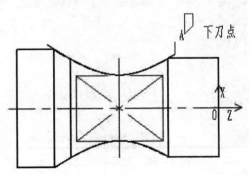

图 4 - 64　绘制加工轮廓线

2. 在"数控车"选项卡中，单击"二轴加工"面板中的"车削精加工"按钮，弹出"车削精加工"对话框，如图 4 - 65 所示。加工参数设置：加工表面类型选择"外轮廓"，反向走刀设为"否"，切削行距设为 0.2，主偏角干涉角度设为 10°，副偏角干涉角度设为 45°，刀尖半径补偿选择"编程时考虑半径补偿"。径向余量和轴向余量都设为 0。

3. 选择"球形车刀"，刀尖半径设为 0.2，主偏角为 100°，副偏角为 45°，刀具偏置方向为对中，对刀点方式为刀尖尖点，刀片类型为球形刀片，如图 4 - 66 所示。

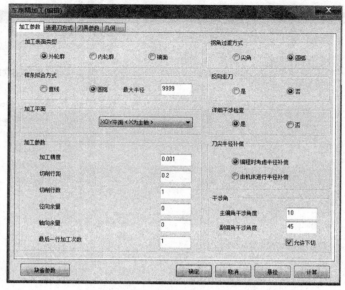

图 4－65　"车削精加工"对话框

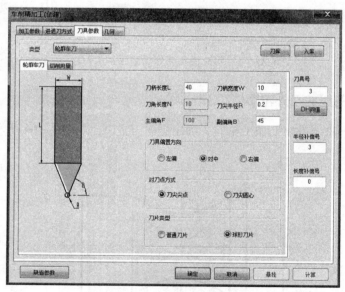

图 4－66　刀具参数设置

4. 单击"确定"按钮退出对话框，采用单个拾取方式，拾取被加工轮廓，单击右键，拾取进退刀点 A，生成双曲线曲面精加工轨迹，如图 4－67 所示。

5. 在"数控车"选项卡中，单击"后置处理"面板中的"后置处理"按钮 **G**，弹出"后置处理"对话框，选择控制系统文件"Fanuc"，机床配置文件选择"数控车床_2x_XZ"，单击"拾取"按钮，

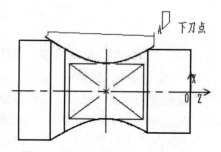

图 4－67　双曲线轮廓精加工轨迹

拾取加工轨迹，然后单击"后置"按钮，弹出"编辑代码"对话框，如图 4 - 68 所示，生成双曲线曲面零件加工程序，在此也可以编辑修改加工程序。

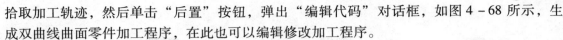
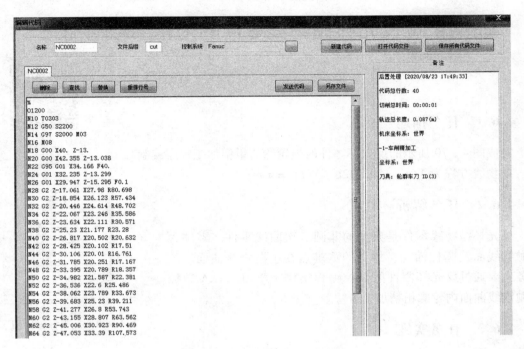

图 4 - 68　生成和编辑 G 代码程序

4.5.4　课堂练习

完成图 4 - 69 所示的双曲线轴零件粗加工程序编制。零件材料为 45 号钢，毛坯为 $\phi40$ mm 的棒料。

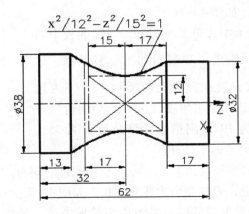

图 4 - 69　双曲线轴零件图

任务 4.6 反光杯抛物线零件的内轮廓粗精加工

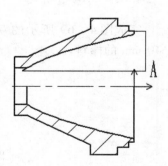

反光杯抛物线零件的
内轮廓粗精加工

4.6.1 任务描述

完成图 4 – 70 所示的反光杯零件的内轮廓的粗精加工程序编制。
抛物线方程为 $X(t) = 0.232t^2$，$Y(t) = t$。

4.6.2 任务解析

反光杯抛物线零件是典型的非圆二次曲线零件。零件含有抛物线面及圆柱面等，加工的重难点在于抛物线曲面。本任务主要通过反光杯零件的数控编程实例来学习 CAXA 数控车抛物线曲面内轮廓粗精加工方法。

图 4 – 70 反光杯零件图

4.6.3 任务实施

4.6.3.1 反光杯抛物线内轮廓粗加工

1. 在"常用"选项卡中，单击"绘图"面板中的"直线"按钮／，在"立即"菜单中，选择两点线、连续、正交方式，捕捉左上角点，向右绘制 2 mm，向下绘制 8 mm 到 A 点，完成毛坯轮廓线绘制，如图 4 – 71 所示。

2. 在"数控车"选项卡中，单击"二轴加工"面板中的"车削粗加工"按钮，弹出"车削粗加工"对话框，如图 4 – 72 所示。加工参数设置：加工表面类型选择"内轮廓"，加工方式选择"行切"，加工角度为 180°，切削行距设为 0.5，主偏角干涉角度为 10°，副偏角干涉角度设为 35°，刀尖半径补偿选择"编程时考虑半径补偿"。

图 4 – 71 绘制毛坯轮廓线

3. 选择 45°刀片，刀尖半径设为 1，主偏角为 100°，副偏角为 35°，刀具偏置方向为左偏，对刀点方式为刀尖尖点，刀片类型为普通刀片，如图 4 – 73 所示。

4. 单击"确定"按钮退出对话框，采用单个拾取方式，拾取被加工轮廓，单击右键，拾取毛坯轮廓，毛坯轮廓拾取完后，单击右键，拾取进退刀点 A，生成零件内轮廓加工轨迹，如图 4 – 74 所示。

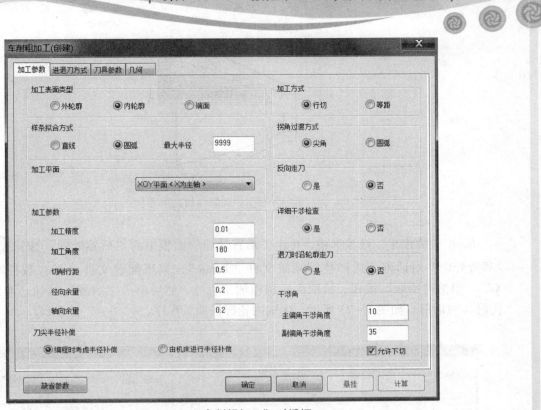

图 4 – 72　"车削粗加工" 对话框

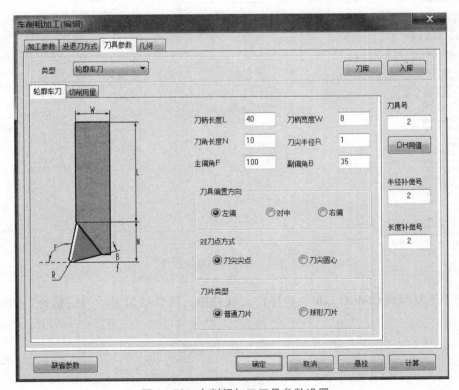

图 4 – 73　车削粗加工刀具参数设置

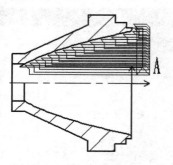

图 4−74　内轮廓粗加工轨迹

5. 在"数控车"选项卡中，单击"后置处理"面板中的"后置处理"按钮，弹出"后置处理"对话框，选择控制系统文件"Fanuc"，机床配置文件选择"数控车床_2x_XZ"，单击"拾取"按钮，拾取内轮廓粗加工轨迹，然后单击"后置"按钮，弹出"编辑代码"对话框，如图 4−75 所示，生成内轮廓粗加工程序。

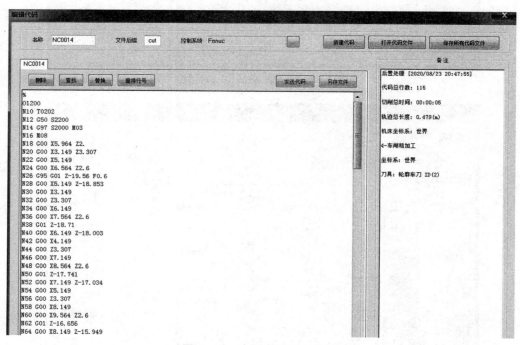

图 4−75　内轮廓粗加工程序

6. 将程序复制到 CIMCO Edit 8 程序仿真软件中，仿真结果显示刀路轨迹，如图 4−76 所示。

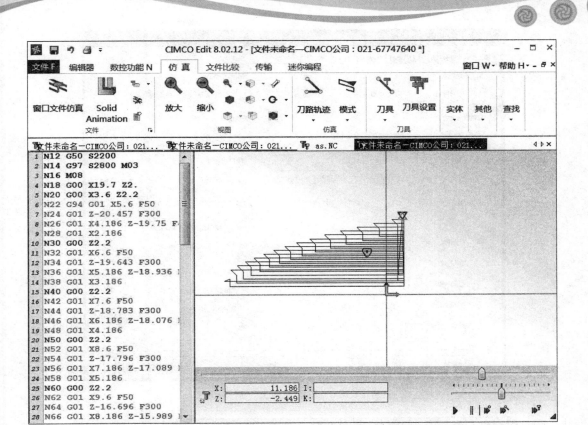

图4-76　内部轮廓粗加工轨迹仿真

4.6.3.2　反光杯抛物线内轮廓精加工

1. 保留前面粗加工的加工轮廓，删除毛坯轮廓，确定进退刀点 A，如图4-77所示。

2. 在"数控车"选项卡中，单击"二轴加工"面板中的"车削精加工"按钮，弹出"车削精加工"对话框。设置加工参数：加工表面类型选择"内轮廓"，加工方式选择"行切"，切削行距设为0.2，径向余量0，轴向余量0，主偏角干涉角度为3°，副偏角干涉角度设为35°，如图4-78所示。刀尖半径补偿选择"编程时考虑半径补偿"。

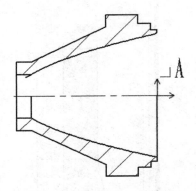

图4-77　绘制毛坯轮廓线

3. 选择93°外圆车刀，刀尖半径设为0.3，主偏角为93°，副偏角为35°，刀具偏置方向为左偏，对刀点方式为刀尖尖点，刀片类型为球形刀片，如图4-79所示。

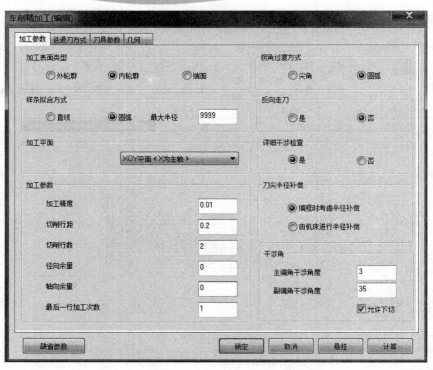

图 4-78 "车削精加工"对话框

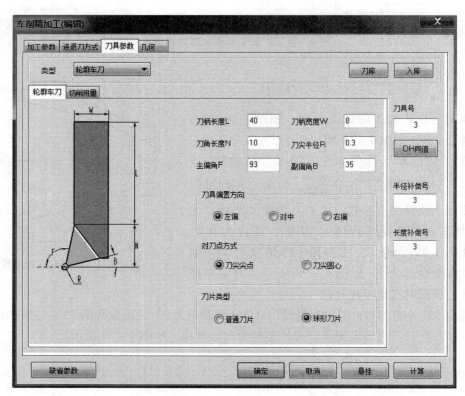

图 4-79 刀具参数设置

4. 单击"确定"按钮退出对话框，采用单个拾取方式，拾取被加工轮廓，单击右键，拾取毛坯轮廓。毛坯轮廓拾取完后，单击右键，拾取进退刀点 A，结果生成内轮廓精加工轨迹，如图 7 - 80 所示。

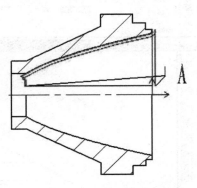

图 4 - 80　内轮廓精加工轨迹

5. 在"数控车"选项卡中，单击"后置处理"面板中的"后置处理"按钮 **G**，弹出"后置处理"对话框，选择控制系统文件"Fanuc"，机床配置文件选择"数控车床_2x_XZ"，单击"拾取"按钮，拾取内轮廓精加工轨迹，然后单击"后置"按钮，弹出"编辑代码"对话框，如图 4 - 81 所示，生成内轮廓精加工程序。

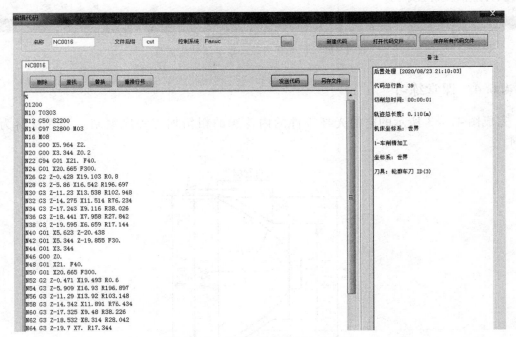

图 4 - 81　反光杯内轮廓精加工程序

6. 将程序复制到 CIMCO Edit 8 程序仿真软件中，仿真结果显示刀路轨迹，如图 4 - 82 所示。

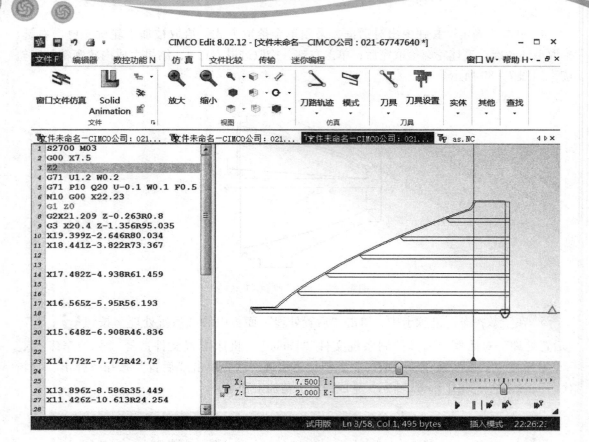

图 4 - 82　反光杯内轮廓精加工轨迹仿真

4.6.4　课堂练习

完成图 4 - 83 所示的电筒光杯零件的内轮廓的粗精加工程序编制。零件材料为 45 号钢。

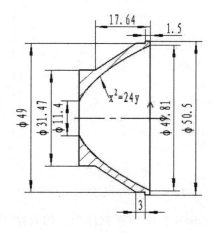

图 4 - 83　电筒光杯零件图

任务 4.7 阶梯轴零件外轮廓切槽粗精加工

阶梯轴零件外轮廓
切槽粗精加工

4.7.1　任务描述

完成图 4 – 84 所示的阶梯轴零件外轮廓切槽粗精加工程序编制。

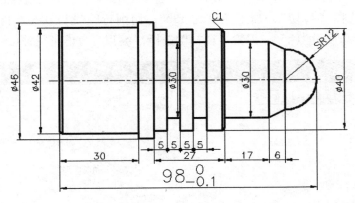

图 4 – 84　阶梯轴零件图

4.7.2　任务解析

该零件是简单外圆面切槽加工，根据加工要求选择刀具与切前用量，利用轮廓粗加工和轮廓精加工、切槽加工完成。本任务主要通过阶梯轴零件的数控编程实例来学习 CAXA 数控车外圆面切槽加工方法。

4.7.3　任务实施

4.7.3.1　零件轮廓粗加工

1. 在"常用"选项卡中，单击"绘图"面板上的"直线"按钮 ╱，在"立即"菜单中，选择两点线、连续、正交方式，捕捉左角点，向上绘制 2 mm，向右绘制 66 mm 直线，向下绘制 29 mm 直线，确定进退刀点 A。单击"绘图"面板中的"圆心 – 起点 – 圆心角"按钮 ╭，输入圆心坐标"4,0"，捕捉起点"O"，输入圆心角"90"，完成 1/4 圆弧绘制。完成毛坯轮廓线绘制，裁剪与加工轮廓相连的线，如图 4 – 85 所示。

作 1/4 圆弧的目的是保证刀具光滑切入，提高切入点的加工质量。

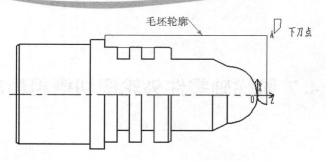

图 4 – 85　绘制毛坯轮廓线

2. 在"数控车"选项卡中，单击"二轴加工"面板上的"车削粗加工"按钮![按钮]，弹出"车削粗加工"对话框，如图 4 – 86 所示。加工参数设置：加工表面类型选择"外轮廓"，加工方式选择"行切"，加工角度为 180°，切削行距设为 0.5，主偏角干涉角度为 10°，副偏角干涉角度设为 45°，刀尖半径补偿选择"编程时考虑半径补偿"。

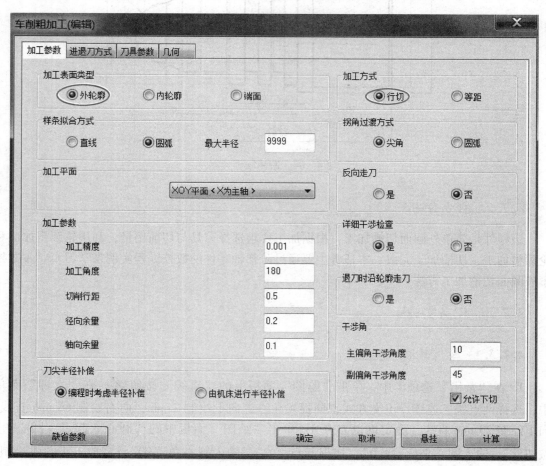

图 4 – 86　"车削粗加工"对话框

3. 快速进退刀距离设置为 2。每行相对毛坯及加工表面的进刀方式设置为长度 1、夹角

45°。选择外轮廓车刀，刀尖半径设为 0.6，主偏角为 100°，副偏角为 45°，刀具偏置方向为左偏，对刀点方式为刀尖尖点，刀片类型为普通刀片，如图 4 – 87 所示。

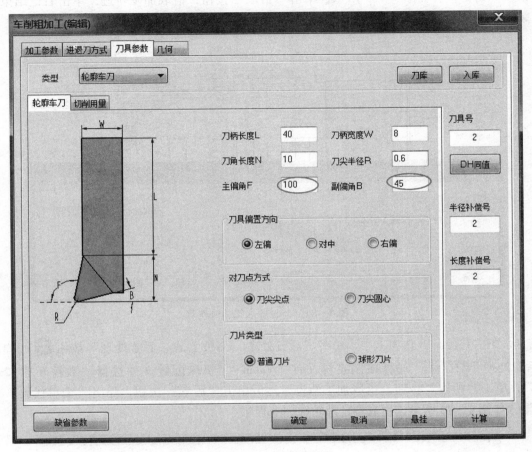

图 4 – 87　刀具参数设置

4. 其他参数设置好后，单击"确定"按钮退出对话框，采用单个拾取方式，拾取被加工轮廓，单击右键，拾取毛坯轮廓。毛坯轮廓拾取完后，单击鼠标右键，拾取进退刀点 A，系统自动生成刀具轨迹，如图 4 – 88 所示。

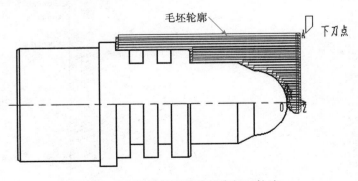

图 4 – 88　阶梯轴零件外轮廓加工轨迹

5. 在"数控车"选项卡中，单击"仿真"面板上的"线框仿真"按钮⊗，弹出"线框仿真"对话框，如图 4 - 89 所示，单击"拾取"按钮，拾取加工轨迹，单击右键结束加工轨迹拾取，单击"前进"按钮，开始仿真加工过程。

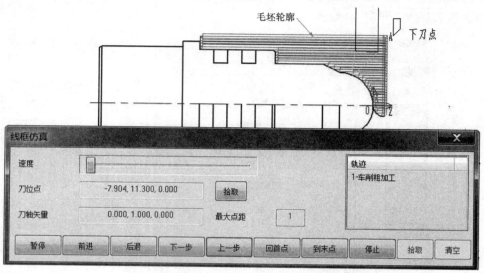

图 4 - 89　外轮廓加工轨迹仿真

6. 在"数控车"选项卡中，单击"后置处理"面板上的"后置处理"按钮 **G**，弹出"后置处理"对话框，选择控制系统文件"Fanuc"，机床配置文件选择"数控车床_2x_XZ"，单击"拾取"按钮，拾取加工轨迹，然后单击"后置"按钮，弹出"编辑代码"对话框，如图 4 - 90 所示，生成零件外轮廓加工程序。

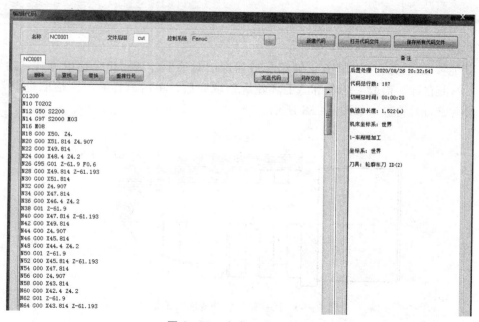

图 4 - 90　生成 G 代码程序

4.7.3.2　外圆面切槽加工

1. 对前面粗加工轮廓做适当修改，延长和优化槽轮廓线，保证切槽加工质量，确定进退刀点 A 和 B，如图 4 – 91 所示。

2. 在"数控车"选项卡中，单击"二轴加工"面板上的"车削槽加工"按钮 ，弹出"车削槽加工"对话框，如图 4 – 92 所示。加工参数设置：切槽表面

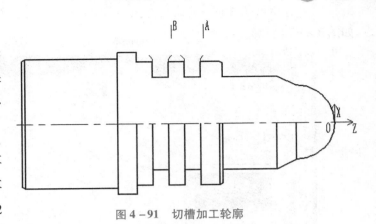

图 4 – 91　切槽加工轮廓

类型选择"外轮廓"，加工方向选择"纵深"，加工余量设为 0.3，切深行距设为 1，退刀距离为 2，刀尖半径补偿选择"编程时考虑半径补偿"。

图 4 – 92　加工参数设置

切槽加工方向分为纵深和横向两种。纵深是顺着槽深方向加工，横向是垂直槽深方向加工，通常情况下以横向加工方向为主，可以获得较好的工艺效果，但对刀具侧刃磨损较大。

3. 选择宽度为 3 mm 的切槽刀，刀尖半径设为 0.2，刀具位置为 5，编程刀位为前刀尖，如图 4－93 所示。

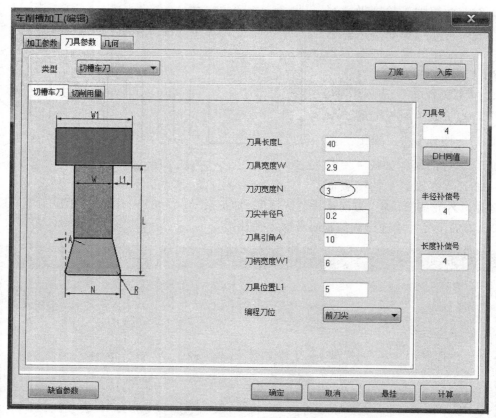

图 4－93　刀具参数设置

当切槽刀宽≤槽宽、刀宽＝槽宽时，应将加工余量设为零。

4. 切削用量设置：进刀量为 0.4 mm/rev，主轴转速为 650 r/min，单击"确定"按钮退出对话框，采用单个拾取方式，拾取被加工轮廓，单击右键，拾取进退刀点 A，生成切槽加工轨迹。同理完成另一个槽的加工轨迹，如图 4－94 所示。

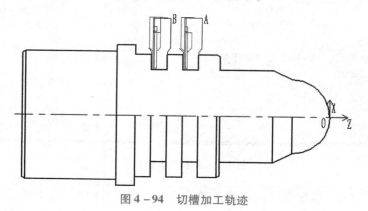

图 4－94　切槽加工轨迹

5. 在"数控车"选项卡中，单击"后置处理"面板上的"后置处理"按钮 **G**，弹出"后置处理"对话框，选择控制系统文件"Fanuc"，机床配置文件选择"数控车床_2x_XZ"，单击"拾取"按钮，拾取加工轨迹，然后单击"后置"按钮，弹出"编辑代码"对话框，如图 4 – 95 所示，系统自动生成切槽加工程序。

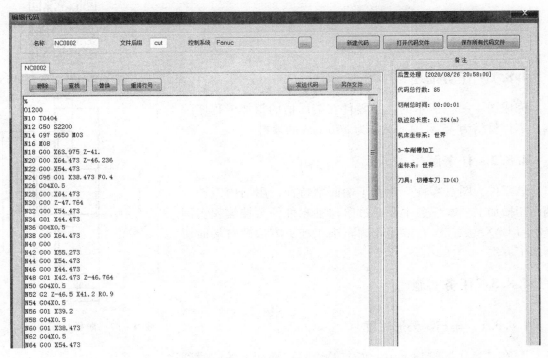

图 4 – 95　生成 G 代码程序

4.7.4　课堂练习

完成图 4 – 96 所示的轴类零件外轮廓切槽粗精加工程序编制。

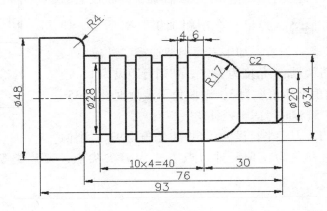

图 4 – 96　轴类零件图

任务4.8 盘类零件端面槽粗加工

盘类零件端面槽粗加工

4.8.1 任务描述

完成图 4-97 所示的盘类零件右端面槽的粗加工程序编制。零件材料为 45 号钢，毛坯为 φ70 mm 的棒料。

4.8.2 任务解析

该零件为圆盘零件，含有车端面槽特征，用切槽刀进行端面切槽加工。本任务主要通过阶梯轴零件的数控编程实例来学习 CAXA 数控车右端面轮廓车削粗加工方法及右端面切槽加工方法。

4.8.3 任务实施

4.8.3.1 车右端外形轮廓

1. 在"常用"选项卡中，单击"绘图"面板上的"直线"按钮 ，在"立即"菜单中，选择两点线、连续、正交方式，捕捉右上端点，向上绘制 2 mm，向右绘制 10 mm 直线，完成毛坯轮廓线绘制，确定进退刀点 A，如图 4-98 所示。

2. 在"数控车"选项卡中，单击"二轴加工"面板上的"车削粗加工"按钮 ，弹出"车削粗加工"对话框，如图 4-99 所示。加工参数设置：加工表面类型选择"外轮廓"，加工方式选择"行切"，加工角度为 180°，切削行距设为 1，径向余量为 0.2，主偏角干涉角度为 3，副偏角干涉角度设为 35，刀尖半径补偿选择"编程时考虑半径补偿"。

3. 选择轮廓车刀，刀尖半径设为 0.6，主偏角为 93°，副偏角为 35°，刀具偏置方向为左偏，对刀点方式为刀尖尖点，刀片类型为普通刀片，如图 4-100 所示。

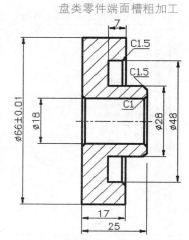

图 4-97 阶梯轴零件图

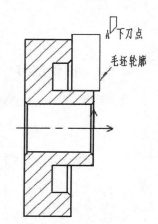

图 4-98 绘制毛坯轮廓

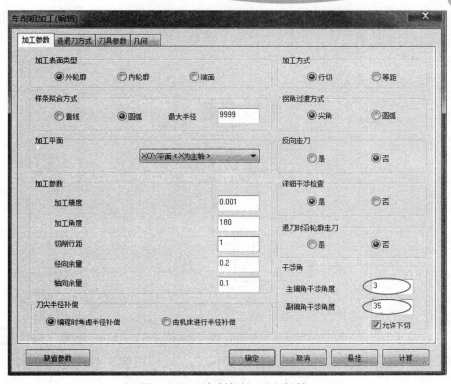

图 4－99　"车削粗加工"对话框

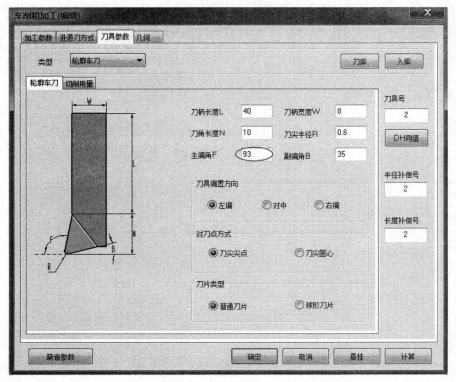

图 4－100　刀具参数设置

4. 单击"确定"按钮退出对话框，采用单个拾取方式，拾取被加工轮廓，单击右键，拾取毛坯轮廓，毛坯轮廓拾取完后，单击鼠标右键，拾取进退刀点 A，系统自动生成外轮廓粗加工刀具轨迹，如图 4 – 101 所示。

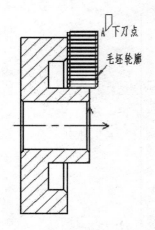

图 4 – 101　零件外轮廓粗加工轨迹

5. 在"数控车"选项卡中，单击"后置处理"面板上的"后置处理"按钮**G**，弹出"后置处理"对话框，选择控制系统文件"Fanuc"，机床配置文件选择"数控车床_2x_XZ"，单击"拾取"按钮，拾取粗加工轨迹，然后单击"后置"按钮，弹出"编辑代码"对话框，如图 4 – 102 所示，生成外轮廓粗加工程序。

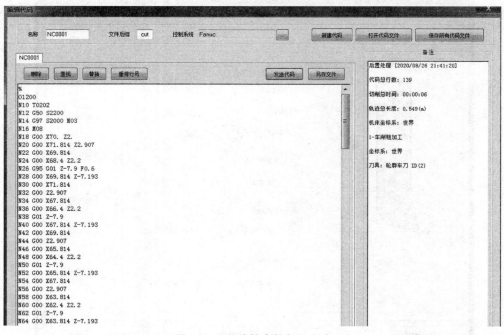

图 4 – 102　外轮廓粗加工程序

4.8.3.2 粗车端面槽

1. 利用绘制直线和延伸命令，绘制如图 4 – 103 所示的切槽加工轮廓线。

2. 在“数控车”选项卡中，单击“二轴加工”面板上的“车削槽加工”按钮 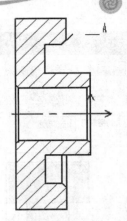，弹出“车削槽加工”对话框，如图 4 – 104 所示。加工参数设置：切槽表面类型选择“端面”，加工工艺类型选择“粗加工”，加工方向选择“纵深”，加工余量为 0.2，切深行距设为 3，退刀距离为 3，刀尖半径补偿选择“编程时考虑半径补偿”。

图 4 – 103 切槽加工轮廓线

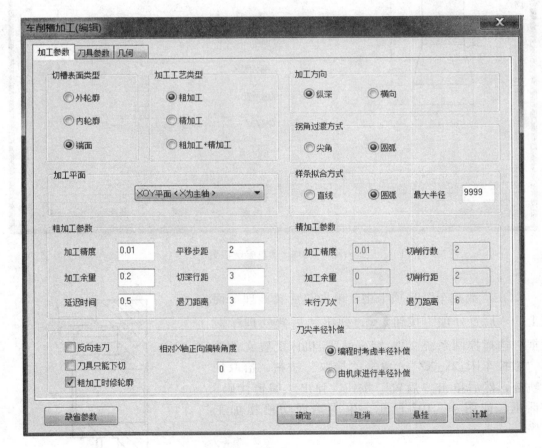

图 4 – 104 “车削槽粗加工”对话框

3. 选择宽度 4 mm 的切槽刀，刀尖半径设为 0.2，刀具位置为 5，编程刀位为前刀尖，刀具参数设置如图 4 – 105 所示。单击“确定”按钮退出对话框，采用单个拾取方式，拾取被加工轮廓，单击右键，拾取进退刀点 A，生成端面切槽加工轨迹，如图 4 – 106 所示。

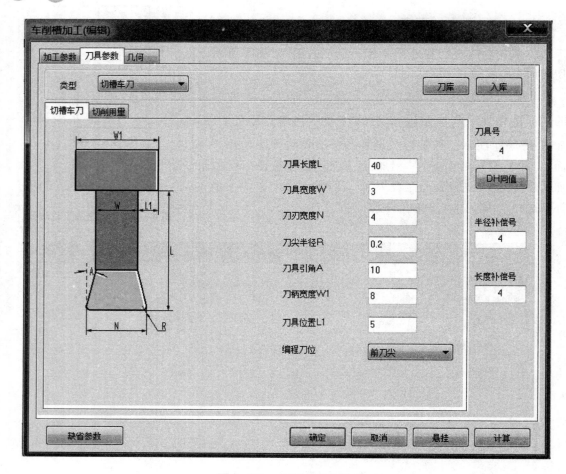

图 4 - 105 刀具参数设置

4. 在"数控车"选项卡中，单击"后置处理"面板上的"后置处理"按钮 **G**，弹出"后置处理"对话框，选择控制系统文件"Fanuc"，机床配置文件选择"数控车床_2x_XZ"，单击"拾取"按钮，拾取加工轨迹，然后单击"后置"按钮，弹出"编辑代码"对话框，如图 4 - 107 所示，生成端面切槽粗加工程序。

4.8.4 课堂练习

完成图 4 - 108 所示的盘类零件右端面槽的粗精加工程序编制。零件材料为 45 号钢，毛坯为 $\phi60$ 的棒料。

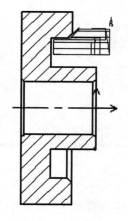

图 4 - 106 端面切槽加工轨迹

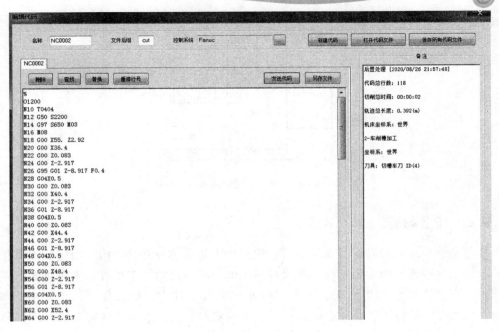

图 4 – 107 端面切槽粗加工程序

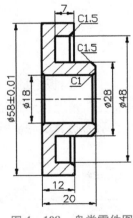

图 4 – 108 盘类零件图

任务 4.9 阶梯轴零件外螺纹粗加工

4.9.1 任务描述

完成图 4 – 109 所示的阶梯轴零件外轮廓的粗加工和螺纹程序编制。
零件材料为 45 号钢，毛坯为 φ40 mm 的棒料。

阶梯轴零件
外螺纹粗加工

123

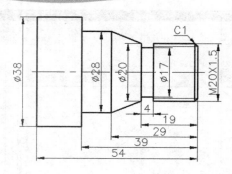

图 4 - 109　阶梯轴零件图

4.9.2　任务解析

本任务是简单阶梯轴带螺纹加工编程，根据加工要求选择刀具与切前用量，按照普通外螺纹的车加工流程车端面→粗精车螺纹大径→车退刀槽→倒角→车螺纹，来完成该零件的加工编程，这里只讲外轮廓粗加工、车退刀槽和车螺纹。其中，螺纹加工用 G32 指令编程，G32 指令车削螺纹的方法和普通车床的一样，采用多次车削、逐步递减的方式，该指令可以用来车削等距直螺纹、锥度螺纹。螺纹牙高计算方式 $h = (螺距 \times 1.107) \div 2$。

4.9.3　任务实施

4.9.3.1　外轮廓粗加工

1. 在"常用"选项卡中，单击"绘图"面板上的"直线"按钮 ⬛，在"立即"菜单中，选择两点线、连续、正交方式，捕捉左角点，向上绘制 2 mm，向右绘制 41 mm 直线，向下绘制 14 mm，确定进退刀点 A。使倒角延长线与竖线相交，完成毛坯轮廓线绘制，如图 4 - 110 所示。

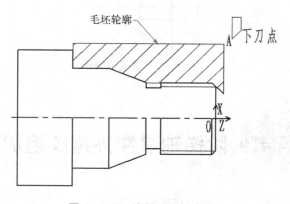

图 4 - 110　绘制毛坯轮廓线

2. 在"数控车"选项卡中，单击"二轴加工"面板上的"车削粗加工"按钮 ⬛，弹出"车削粗加工"对话框，如图 4 - 111 所示。加工参数设置：加工表面类型选择"外轮廓",加工方式选择"行切",加工角度为180°,切削行距设为1,主偏角干涉角度为3°,副偏角干涉角度设为35°,刀尖半径补偿选择"编程时考虑半径补偿"。

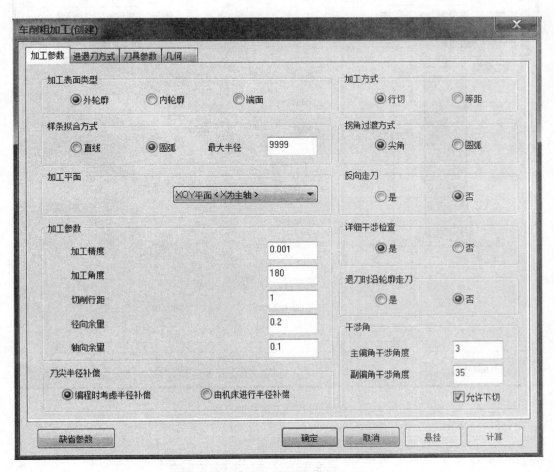

图 4-111 "车削粗加工"对话框

3. 快速进退刀距离设置为2。每行相对毛坯及加工表面的进刀方式设置为长度1,夹角45°。选择"轮廓车刀",刀尖半径设为0.6,主偏角为93°,副偏角为35°,刀具偏置方向为左偏,对刀点方式为刀尖尖点,刀片类型为普通刀片,如图 4-112 所示。

4. 单击"确定"按钮退出对话框,采用单个拾取方式,拾取被加工轮廓,单击右键,拾取毛坯轮廓。毛坯轮廓拾取完后,单击鼠标右键,拾取进退刀点 A,系统自动生成刀具轨迹,如图 4-113 所示。

5. 在"数控车"选项卡中,单击"后置处理"面板上的"后置处理"按钮 **G**,弹出"后置处理"对话框,选择控制系统文件"Fanuc",机床配置文件选择"数控车床_2x_XZ",单击"拾取"按钮,拾取加工轨迹,然后单击"后置"按钮,弹出"编辑代码"对话框,如图 4-114 所示,生成零件外轮廓粗加工程序。

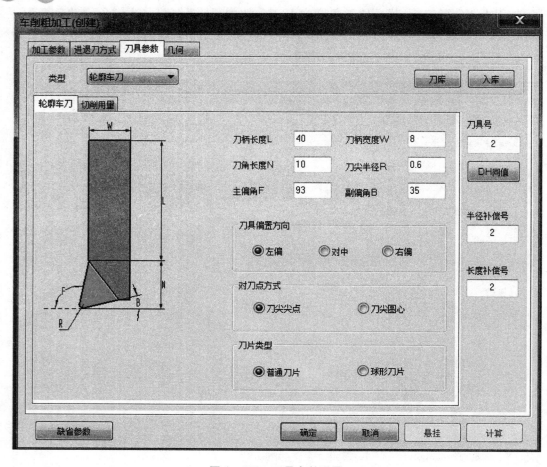

图 4 – 112　刀具参数设置

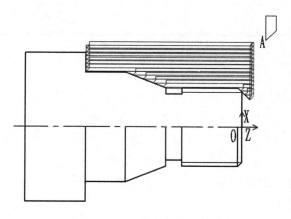

图 4 – 113　外轮廓粗加工轨迹

4.9.3.2　切槽加工

1. 将槽的左右边向上延长 2 mm，确定进退刀点 A，如图 4 – 115 所示。

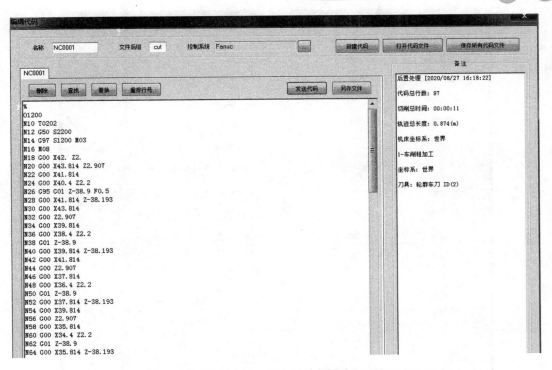

图 4 – 114 生成 G 代码程序

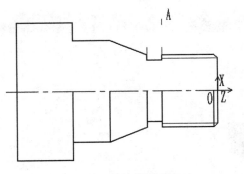

图 4 – 115 确定进退刀点 A

2. 在"数控车"选项卡中,单击"二轴加工"面板上的"车削槽加工"按钮 ,弹出"车削槽加工"对话框。设置加工参数:切槽表面类型选择"外轮廓",加工方向选择"纵深",加工余量为 0.1,切深行距为 1,退刀距离为 3,刀尖半径补偿选择"编程时考虑半径补偿",如图 4 – 116 所示。

3. 选择宽度为 3 mm 的切槽刀,刀尖半径设为 0.1,刀具位置为 5,编程刀位为前刀尖,如图 4 – 117 所示。切削用量设置:进刀量 0.4 mm/rev,主轴转速 600 r/min,单击"确定"退出对话框。采用单个拾取方式,拾取被加工轮廓,单击右键,拾取进退刀点 A,结果生成切槽加工轨迹,如图 4 – 118 所示。

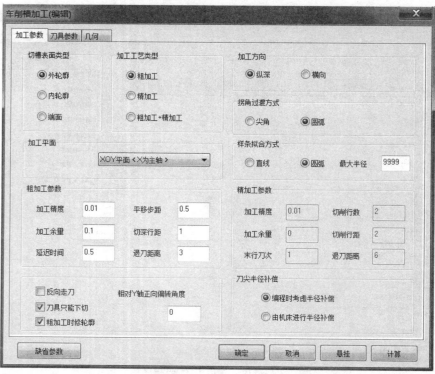

图 4-116 切槽加工参数设置

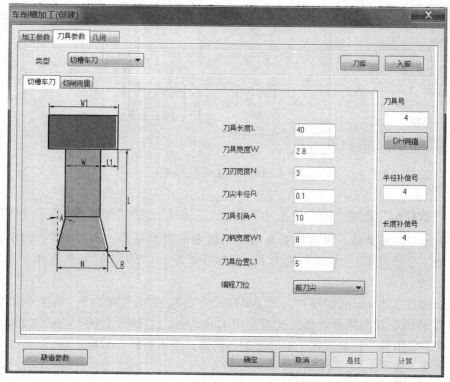

图 4-117 刀具参数设置

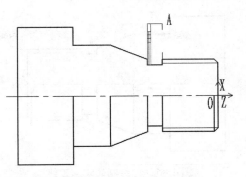

图 4 - 118　生成切槽加工轨迹

4. 在"数控车"选项卡中，单击"后置处理"面板上的"后置处理"按钮 **G**，弹出"后置处理"对话框，选择控制系统文件"Fanuc"，机床配置文件选择"数控车床_2x_XZ"，单击"拾取"按钮，拾取加工轨迹，然后单击"后置"按钮，弹出"编辑代码"对话框，如图 4 - 119 所示，系统自动生成切槽加工程序。

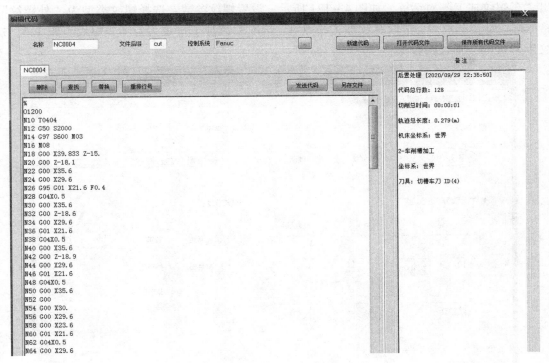

图 4 - 119　切槽粗加工程序

4.9.3.3　螺纹加工程序

1. 在"常用"选项卡中，单击"绘图"面板上的"直线"按钮 ╱，在"立即"菜单中，选择两点线、连续、正交方式，捕捉螺纹线左端点，向左绘制 2 mm 到 A 点，捕捉螺纹线右端点，向右绘制 4 mm 到 B 点，确定进退刀点 B，如图 4 - 120 所示。

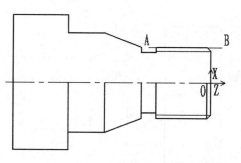

图 4 - 120　绘制螺纹加工线

在数控车床上车螺纹时，沿螺距方向的 Z 向进给应和车床主轴的旋转保持严格的速比关系，因此，应避免在进给机构加速或减速的过程中切削螺纹，所以要设切入量和切出量，避免螺纹错牙。车削螺纹时的切入量一般为 2~5 mm，切出量一般为 0.5~2.5 mm。

2. 在"数控车"选项卡中，单击"二轴加工"面板上的"车螺纹加工"按钮 ，弹出"车螺纹加工"对话框，如图 4 - 121 所示。设置螺纹参数：选择螺纹类型为"外螺纹"，拾取螺纹加工起点 B，拾取螺纹加工终点 A，拾取螺纹加工进退刀点 B，螺纹节距 1.5，螺纹牙高 0.83，螺纹头数 1。

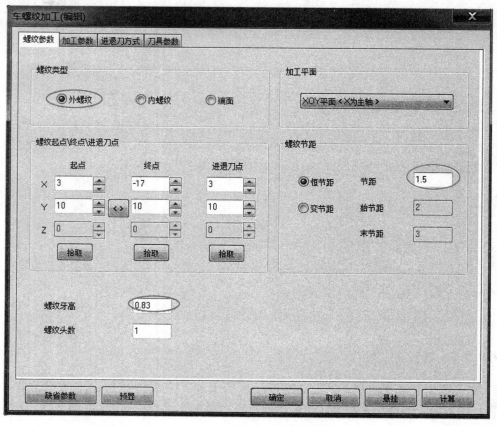

图 4 - 121　"车螺纹加工"对话框

数控车床在计算螺纹牙高数据时，区别于普通车床，即牙高的计算公式为：

$$h = （螺距 \times 1.107）\div 2$$

3. 设置螺纹加工参数：选择"粗加工"，粗加工深度为 0.83，每行切削用量选择"恒定切削面积"，第一刀行距为 0.2，最小行距为 0.08，每行切入方式选择"沿牙槽中心线"，如图 4 – 122 所示。

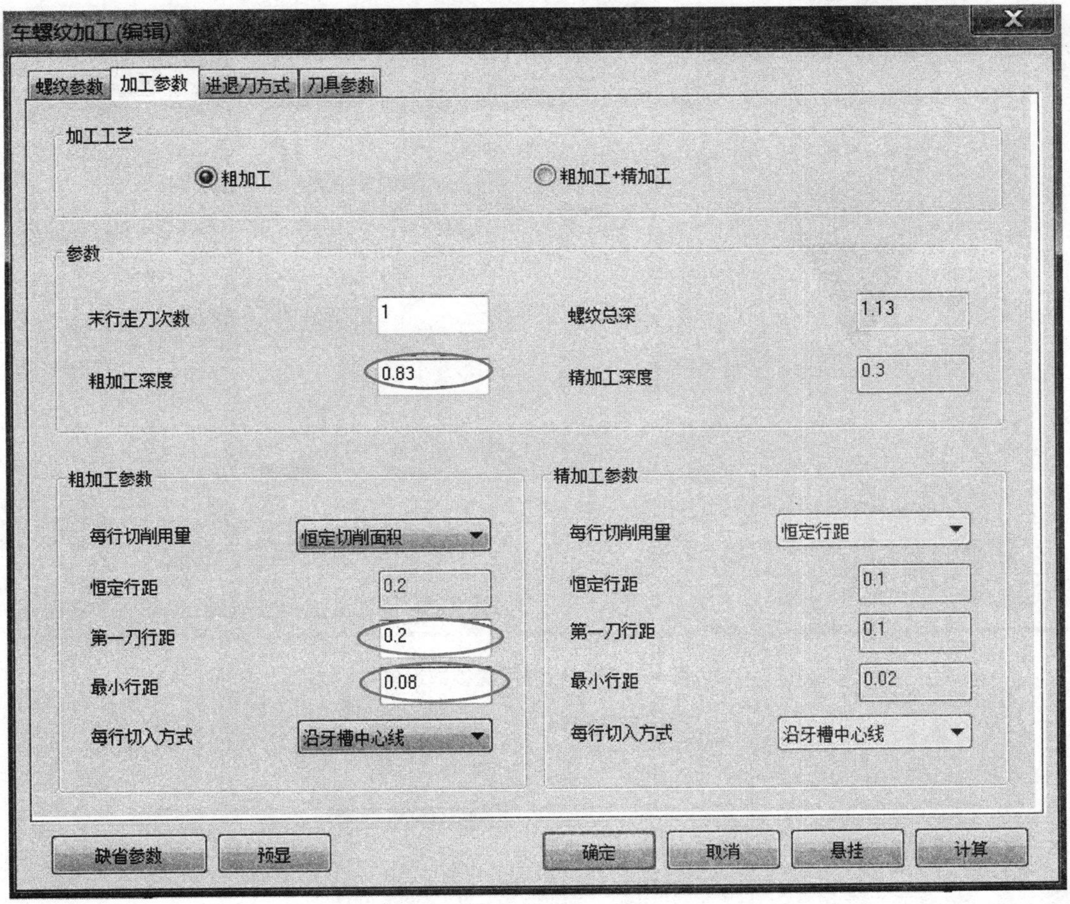

图 4 – 122　加工参数设置

沿牙槽中心线进刀：垂直进刀，两刀刃同时车削，适用于小螺距螺纹的加工。

4. 单击"切削参数"标签，设置切削用量：进刀量 0.20 mm/rev，选择恒转速，主轴转速设为 500 r/min，如图 4 – 123 所示。

5. 单击"确定"退出车螺纹加工对话框，系统自动生成螺纹加工轨迹，如图 4 – 124 所示。

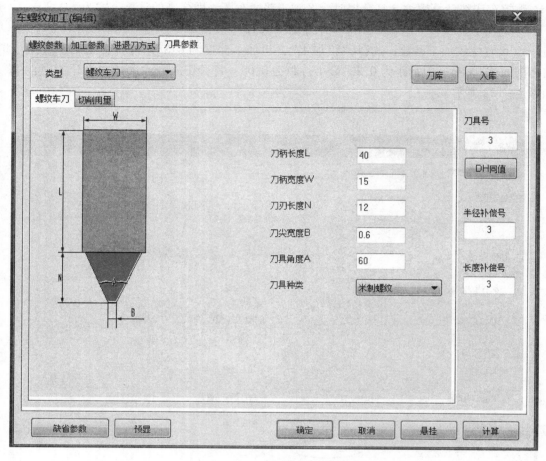

图 4 – 123　切削用量参数设置

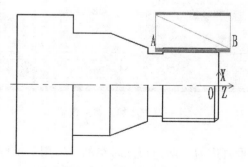

图 4 – 124　螺纹加工轨迹

6. 在"数控车"选项卡中，单击"后置处理"面板上的"后置处理"按钮 **G**，弹出"后置处理"对话框，选择控制系统文件"Fanuc"，机床配置文件选择"数控车床_2x_XZ"，单击"拾取"按钮，拾取加工轨迹，然后单击"后置"按钮，弹出"编辑代码"对话框，系统自动生成螺纹加工程序，如图 4 – 125 所示，

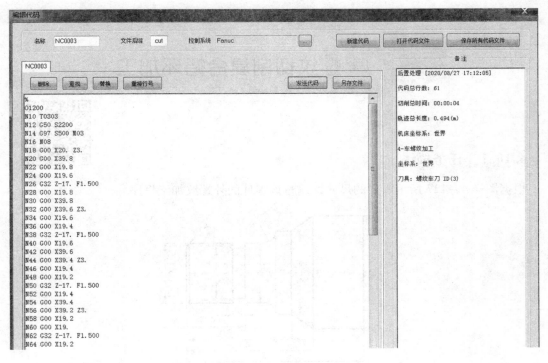

图 4 – 125   螺纹加工程序

4.9.4   课堂练习

加工图 4 – 126 所示零件。根据图样尺寸及技术要求，完成外轮廓粗加工程序和锥形螺纹加工程序。

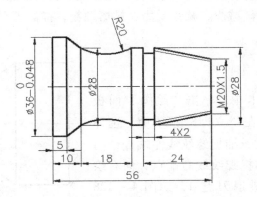

图 4 – 126   锥形螺纹轴零件图

任务 4.10 螺纹切削复合循环加工

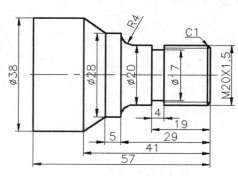

螺纹切削复合
循环加工

4.10.1　任务描述

根据图样 4 – 127 所示零件的尺寸，编写该零件的外螺纹加工程序。

图 4 – 127　螺纹轴零件图

4.10.2　任务解析

本任务是简单螺纹轴加工编程，螺纹加工用 G76 复合循环指令编程，G76 指令用于多次自动循环切削螺纹。G76 用于加工不带退刀槽的圆柱螺纹和圆锥螺纹，可实现单侧刀刃螺纹切削，斜进刀，吃刀量逐渐减少，减小受力，排屑顺畅，提高刀具的使用寿命，提高螺纹精度。

4.10.3　任务实施

1. 在"常用"选项卡中，单击"绘图"面板上的"直线"按钮 ╱，在"立即"菜单中，选择两点线、连续、正交方式，捕捉螺纹线左端点，向左绘制 2 mm 到 B 点，捕捉螺纹线右端点，向右绘制 4 mm 到 A 点，确定进退刀点 A，如图 4 – 128 所示。

2. 在"数控车"选项卡中，单击"二轴加工"

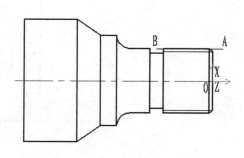

图 4 – 128　绘制螺纹加工线

面板上的"螺纹固定循环加工"按钮 ，弹出"螺纹固定循环"对话框，如图 4 – 129 所示。设置螺纹参数：选择螺纹类型为外螺纹，拾取螺纹加工起点 A，拾取螺纹加工终点 B，螺纹节距 1.5，螺纹牙高 0.83，最小切削深度 0.06，第一次切削深度 0.2。

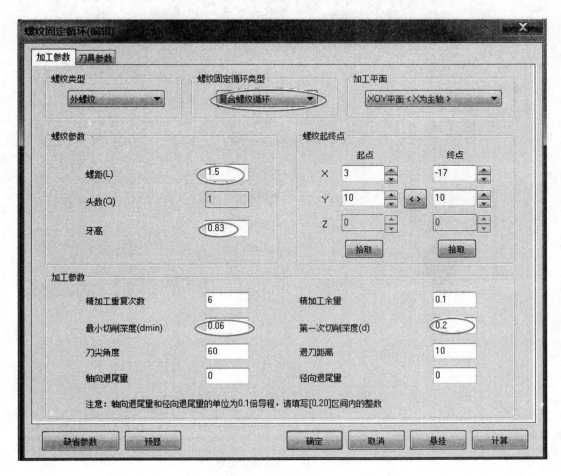

图 4 - 129　外螺纹固定循环加工参数设置

3. 单击"刀具参数"选项卡，设置刀尖宽度为 0.6，如图 4 - 130 所示。单击"切削用量"，设置进刀量为 0.20 mm/rev，选择恒转速，主轴转速设为 500 r/min。

4. 单击"确定"按钮退出对话框，系统自动生成螺纹固定循环加工轨迹，如图 4 - 131 所示。

5. 在"数控车"选项卡中，单击"后置处理"面板上的"后置处理"按钮 **G**，弹出"后置处理"对话框，选择控制系统文件"Fanuc"，机床配置文件选择"数控车床_2x_XZ"，单击"拾取"按钮，拾取加工轨迹，然后单击"后置"按钮，弹出"编辑代码"对话框，系统自动生成螺纹加工程序，如图 4 - 132 所示。

4.10.4　课堂练习

根据图样 4 - 133 所示零件的尺寸及技术要求，编写该零件的外螺纹固定循环加工程序。

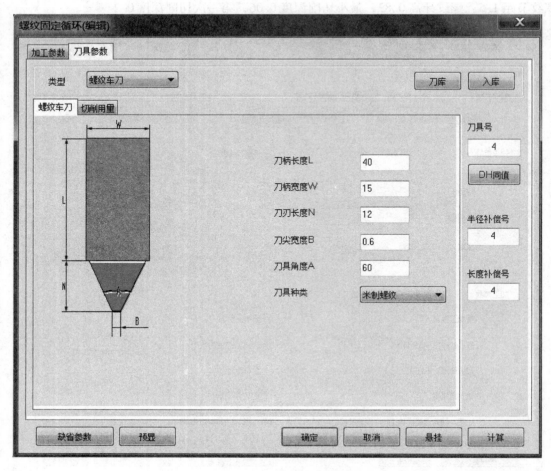

图 4 – 130　刀具参数设置

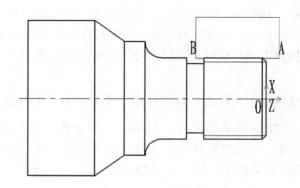

图 4 – 131　螺纹固定循环加工轨迹

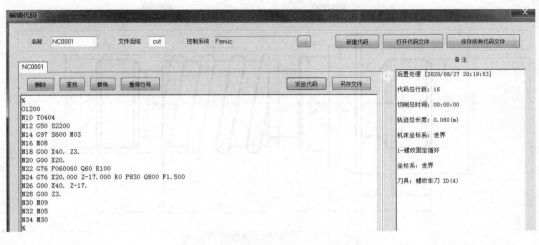

图 4 – 132　螺纹固定循环加工程序

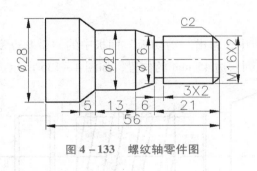

图 4 – 133　螺纹轴零件图

任务 4.11 矩形牙型异形螺纹加工

4.11.1　任务描述

完成如图 4 – 134 所示零件的矩形牙型异形螺纹的加工编程。

矩形牙型异形螺纹加工

4.11.2　任务解析

异形螺纹区别于普通螺纹，异形螺纹是指螺纹的外轮廓、牙型等形状比较特殊的螺纹。例如，在圆柱面、圆弧面和非圆曲面上的异形螺纹，异形螺纹的牙型有三角形、矩形、梯形、圆弧形和圆锥曲线形（椭圆、抛物线、双曲线）等。本任务主要讲述矩形牙型异形螺纹的加工编程方法。

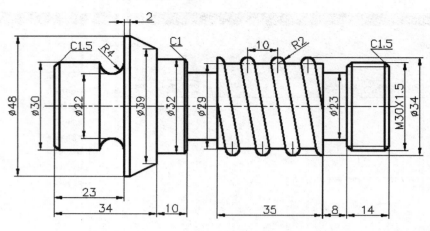

图 4-134　异形螺纹轴零件尺寸图

4.11.3　任务实施

1. 在"常用"选项卡中，单击"剪切板"面板中的"带基点复制"按钮，选择牙型轮廓线，复制牙型轮廓线到右边 45 mm 的位置，如图 4-135 所示。

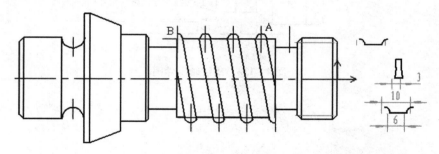

图 4-135　绘制矩形螺纹加工轮廓线

2. 在"数控车"选项卡中，单击"二轴加工"面板中的"异形螺纹加工"按钮，弹出"异形螺纹加工"对话框，如图 4-136 所示。设置螺纹加工参数：螺纹类型为"外螺纹"，加工工艺类型选择"粗加工"，螺距为 10，加工精度为 0.01，径向层高为 0.1，轴向进给为 0.1，加工余量为 0，退刀距离为 10。分别拾取螺纹的起始点，单击拾取起点 A，拾取终点 B。

3. 选择合适的切槽刀，由于牙底宽度为 6，所以选择刀刃宽度为 3、刀尖半径为 0.2 的切槽刀，如图 4-137 所示。

刀具选用的基本原则是尺寸和形状相适应，即刀具要和被加工对象的形状相似、尺寸匹配。选用螺纹车刀时，圆弧车刀的半径要小于等于所加工螺纹的半径，以免加工时发生干涉。但注意圆弧车刀的半径也不宜太小，否则，会因刀体散热差或刀尖强度低导致刀具损毁。除圆弧车刀外，也可以根据被加工对象的具体情况选用尖形车刀、小角度偏刀及宽度较小的普通切槽刀。

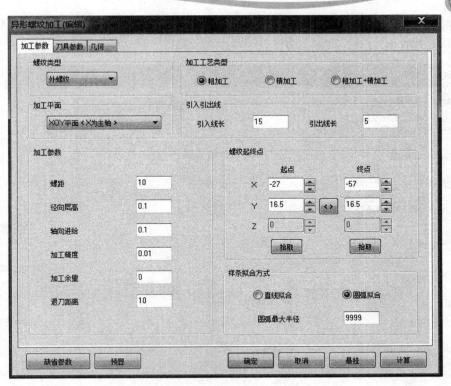

图 4-136　"异形螺纹加工"对话框

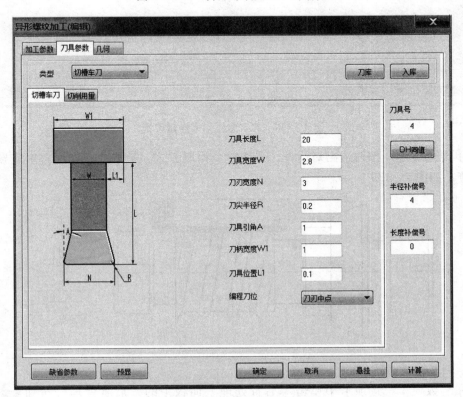

图 4-137　异形螺纹刀具参数设置

4. 设置切削用量：进刀量为 0.10 mm/rev，选择"恒转速"，主轴转速设为 500 r/min，如图 4 – 138 所示。

图 4 – 138　异形螺纹切削用量设置

5. 单击"确定"按钮退出对话框，采用单个拾取方式，拾取牙型曲线，生成异形螺纹加工轨迹，如图 4 – 139 所示。

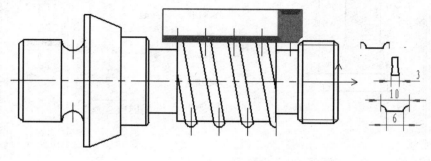

图 4 – 139　异形螺纹加工轨迹

6. 在"数控车"选项卡中单击"后置处理"面板中的"后置处理"按钮 **G**，弹出

"后置处理"对话框,选择控制系统文件"Fanuc",机床配置文件选择"数控车床_2x_XZ",单击"拾取"按钮,拾取加工轨迹,然后单击"后置"按钮,弹出"编辑代码"对话框,生成异形螺纹加工程序,如图 4-140 所示。

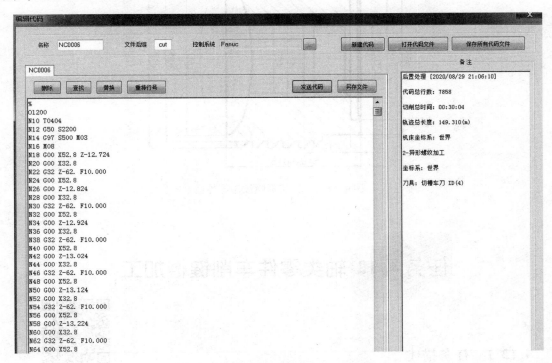

图 4-140　异形螺纹加工程序

由于 CAXA 数控车 2020 软件异形螺纹加工没有考虑切槽刀具宽度,加工出的矩形螺纹槽大一个刀具宽度,不符合零件图尺寸要求。可以将螺纹牙型轮廓长度方向缩小 3 mm(切槽刀具宽度为 3 mm),这样处理后的异形螺纹加工轨迹如图 4-141 所示。

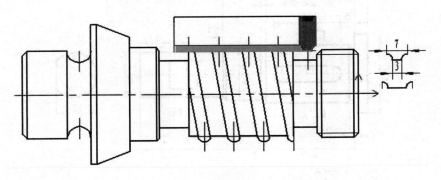

图 4-141　异形螺纹加工轨迹

4.11.4　课堂练习

完成如图 4-142 所示零件的锯齿形异形螺纹的加工编程。

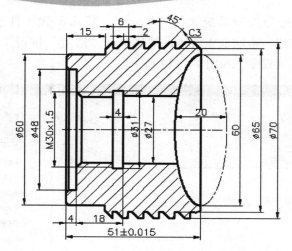

图 4 – 142　锯齿形螺纹轴零件图

任务 4.12　轴类零件车削键槽加工

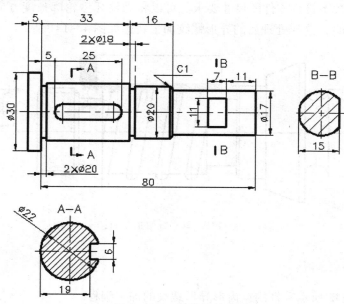

轴类零件车削键槽加工

4.12.1　任务描述

　　采用 CAXA 数控车键槽加工功能来编写如图 4 – 143 所示的轴类零件的键槽和平面槽加工程序。

图 4 – 143　轴类零件图

4.12.2　任务解析

由图 4 – 143 可知，该零件右边为带有键槽的轴类零件，一个是宽度为 6 的键槽，另一个是长度为 7 的平面槽，采用 CAXA 键槽加工功能来加工。埋入式键槽加工和开放式键槽加工只能采用车铣复合中心设备，而普通数控车床不能加工。本任务主要讲述埋入式键槽加工和开放式键槽加工编程方法。

4.12.3　任务实施

4.12.3.1　埋入式键槽加工

1. 绘制如图 4 – 144 所示轴类零件的主视图和断面图。

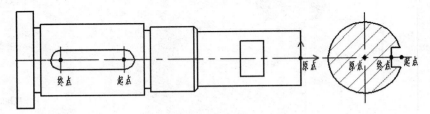

图 4 – 144　轴类零件轮廓图

2. 在"数控车"选项卡中，单击"C 轴加工"面板中的"埋入式键槽加工"按钮 ，弹出"埋入式键槽加工"对话框，如图 4 – 145 所示。加工参数设置：键槽宽度为 6，键槽层高为 1。

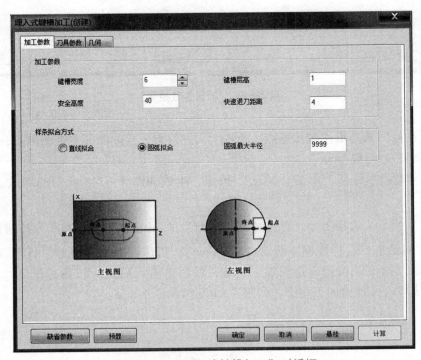

图 4 – 145　"埋入式键槽加工"对话框

143

3. 选择 φ6 键槽铣刀，如图 4 – 146 所示。

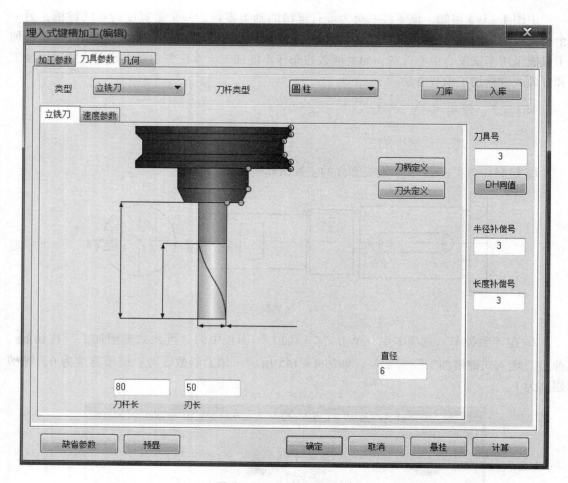

图 4 – 146　刀具参数设置

4. 在"几何"页拾取主视图起点，拾取主视图终点，拾取断面左视图原点，拾取起点，拾取终点。如图 4 – 147 所示。

5. 各项参数设置好后，单击"确认"按钮，生成如图 4 – 148 所示的埋入式键槽加工轨迹。

6. 在"数控车"选项卡中，单击"后置处理"面板中的"后置处理"按钮 **G**，弹出"后置处理"对话框，选择控制系统文件"Fanuc"，机床配置文件选择"车加工中心_4x_XYZC"，单击"拾取"按钮，拾取加工轨迹，然后单击"后置"按钮，弹出"编辑代码"对话框，生成埋入式键槽加工程序，如图 4 – 149 所示。

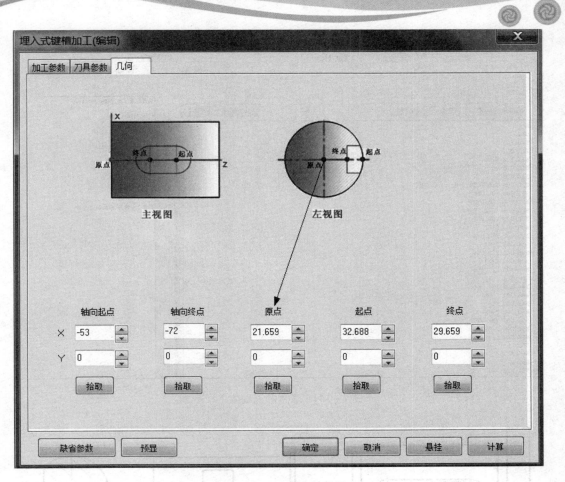

图 4-147　几何参数设置

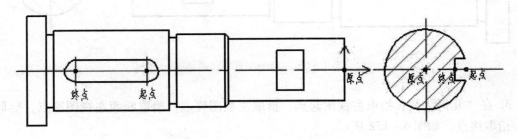

图 4-148　埋入式键槽加工轨迹

4.12.3.2　开放式键槽加工

1. 绘制如图 4-150 所示的轴类零件主视图和断面图。

2. 在"数控车"选项卡中，单击"C 轴加工"面板中的"开放式键槽加工"按钮，弹出"开放式键槽加工"对话框，如图 4-151 所示。在"加工参数"页，键槽层高设为 0.8，延长量设为 10。

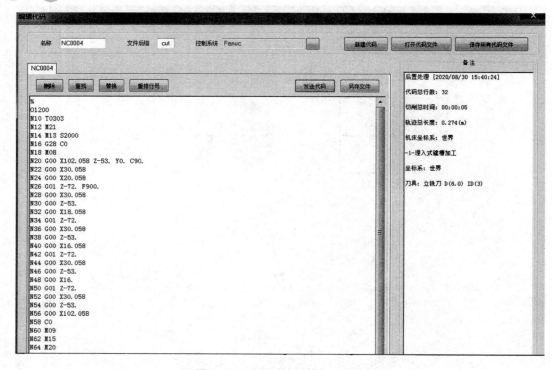

图 4 – 149　埋入式键槽加工程序

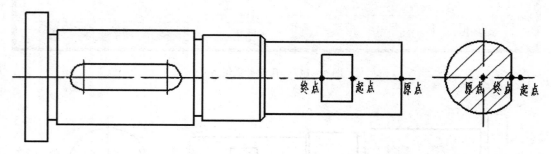

图 4 – 150　绘制主视图和断面图

3. 在"几何"页，拾取主视图起点，拾取主视图终点；拾取断面左视图原点，拾取起点，拾取终点。如图 4 – 152 所示。

4. 选择 φ5 mm 立铣刀，各项参数设置完成后，单击"确认"按钮，生成如图 4 – 153 所示的开放式键槽加工轨迹。

5. 在"数控车"选项卡中，单击"后置处理"面板中的"后置处理"按钮**G**，弹出"后置处理"对话框，选择控制系统文件"Fanuc"，机床配置文件选择"车加工中心_4x_XYZC"，单击"拾取"按钮，拾取加工轨迹，然后单击"后置"按钮，弹出"编辑代码"对话框，生成开放式键槽加工程序，如图 4 –154 所示。

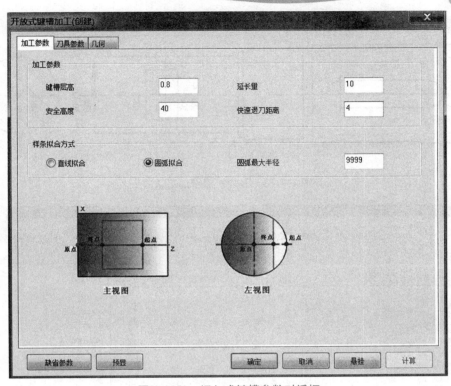

图 4 – 151　埋入式键槽参数对话框

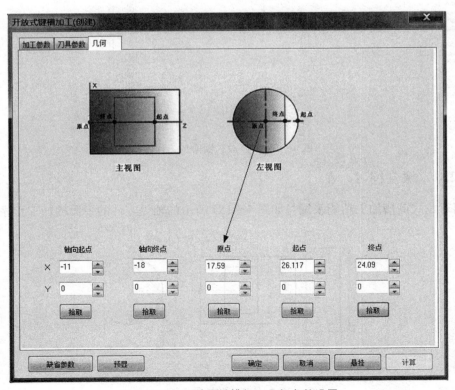

图 4 – 152　开放式键槽加工几何参数设置

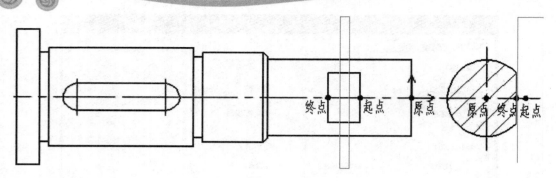

图 4 – 153　开放式键槽加工轨迹

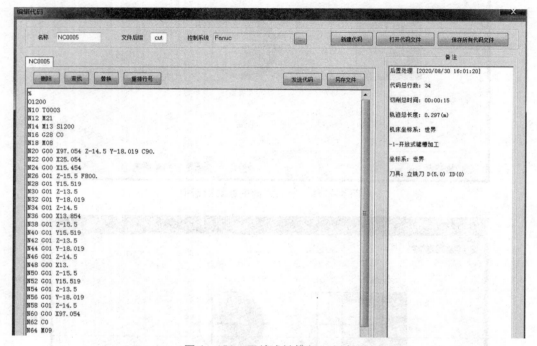

图 4 – 154　开放式键槽加工程序

4.12.4　课堂练习

采用开放式键槽加工功能来编写如图 4 – 155 所示的轴类零件的平面槽加工程序。

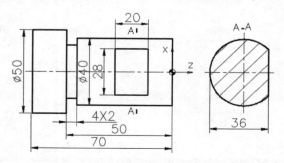

图 4 – 155　轴类零件图

任务 4.13 椭圆柱零件等截面粗精加工

4.13.1　任务描述

编写如图 4 – 156 所示的椭圆柱零件的粗精加工程序。

椭圆柱零件等截面粗精加工

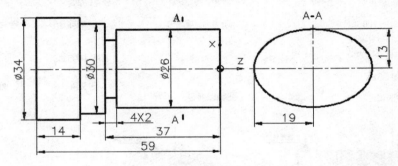

图 4 – 156　椭圆柱零件图

4.13.2　任务解析

如图 4 – 156 所示的轴类零件，右边为一段椭圆柱，椭圆长半轴为 19 mm，短半轴为 13 mm，方程式为 $z^2/19^2 + x^2/13^2 = 1$。在右端面中心建立工件坐标系，椭圆柱面加工只能采用车铣复合中心设备，而普通数控车床不能加工。本任务主要学习椭圆柱等截面加工编程方法。

4.13.3　任务实施

4.13.3.1　椭圆柱零件等截面粗加工

1. 绘制如图 4 – 157 所示的椭圆柱零件轮廓线。

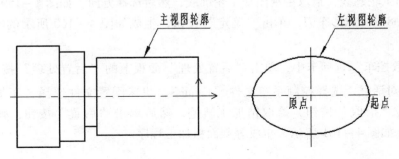

图 4 – 157　椭圆柱零件轮廓图

149

2. 在"数控车"选项卡中，单击"C 轴加工"面板中的"等截面粗加工"按钮，弹出"等截面粗加工"对话框，如图 4 – 158 所示。加工参数设置：加工精度为"0.1"，行距"1"，毛坯直径"50"，层高"1"，加工方式选择"环切"，"往复"加工。

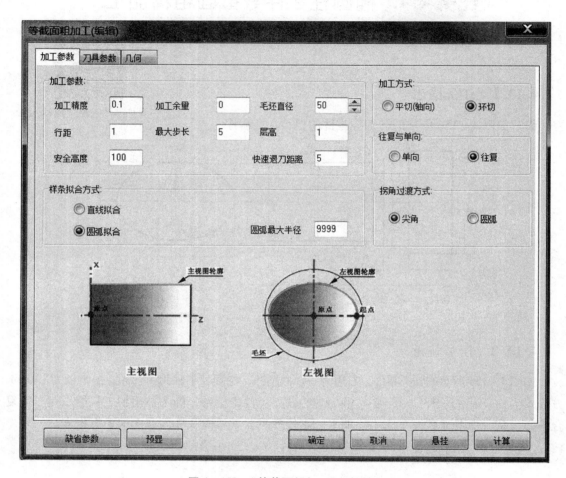

图 4 – 158　"等截面粗加工"对话框

3. 设置几何参数：单击拾取截面左视图中心点，拾取截面左视图加工轮廓起点，拾取截面左视图加工轮廓线，拾取主视图加工轮廓线，然后选择方向，如图 4 – 159 所示。

4. 选择 $\phi 8$ mm 球形车刀，单击"确定"按钮，生成如图 4 – 160 所示的等截面粗加工轨迹。

5. 在"数控车"选项卡中，单击"后置处理"面板上的"后置处理"按钮**G**，弹出"后置处理"对话框，选择控制系统文件"Fanuc"，机床配置文件选择"车加工中心_4x_XYZC"，单击"拾取"按钮，拾取精加工轨迹，然后单击"后置"按钮，弹出"编辑代码"对话框，如图 4 – 161 所示，生成等截面粗加工程序。

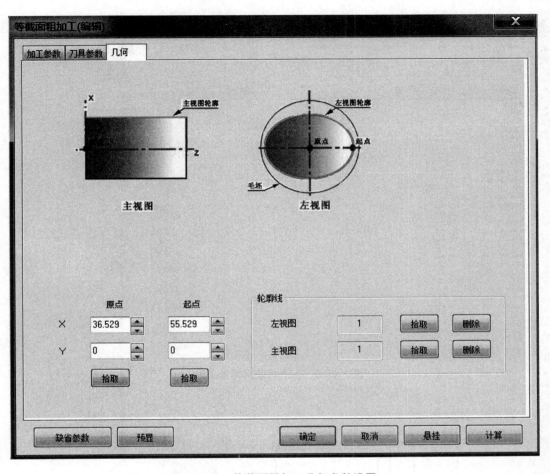

图 4 – 159　等截面粗加工几何参数设置

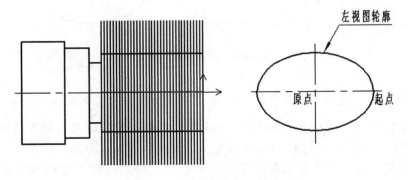

图 4 – 160　等截面粗加工轨迹

4.13.3.2　椭圆柱零件等截面精加工

1. 绘制如图 4 – 162 所示椭圆柱零件轮廓线。

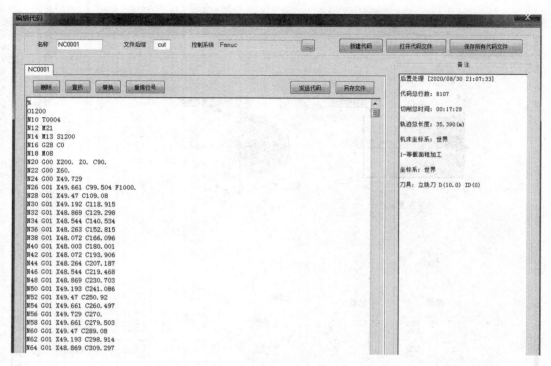

图 4－161 生成等截面粗加工程序

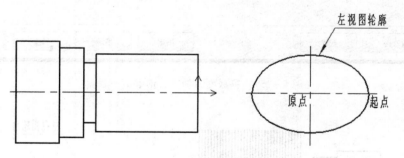

图 4－162 椭圆柱零件轮廓线

2. 在"数控车"选项卡中，单击"C 轴加工"面板中的"等截面精加工"按钮 ，弹出"等截面精加工"对话框，如图 4－163 所示。加工参数设置：加工精度为"0.01"，加工行距为"1"，加工方式选择"环切"。

3. 设置几何参数：单击拾取截面左视图中心点，拾取截面左视图加工轮廓起点，拾取截面左视图加工轮廓线，拾取主视图加工轮廓线，然后选择向左方向，如图 4－164 所示。

4. 选择 $\phi 8$ mm 球形车刀，单击"确定"按钮，生成如图 4－165 所示的等截面精加工轨迹。

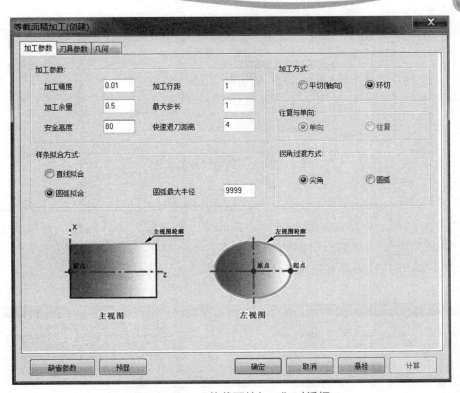

图 4 - 163　"等截面精加工"对话框

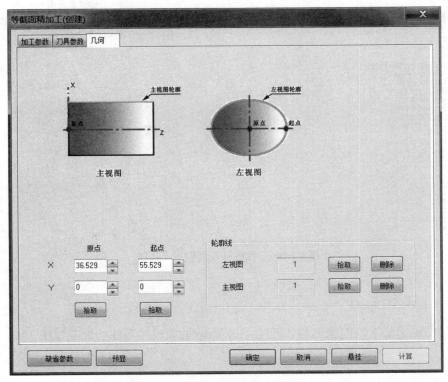

图 4 - 164　等截面精加工几何参数设置

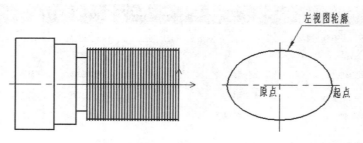

图 4-165　等截面精加工轨迹

5. 在"数控车"选项卡中，单击"后置处理"面板上的"后置处理"按钮 **G**，弹出"后置处理"对话框，选择控制系统文件"Fanuc"，机床配置文件选择"车加工中心_4x_XYZC"，单击"拾取"按钮，拾取精加工轨迹，然后单击"后置"按钮，弹出"编辑代码"对话框，如图 4-166 所示，生成等截面精加工程序。

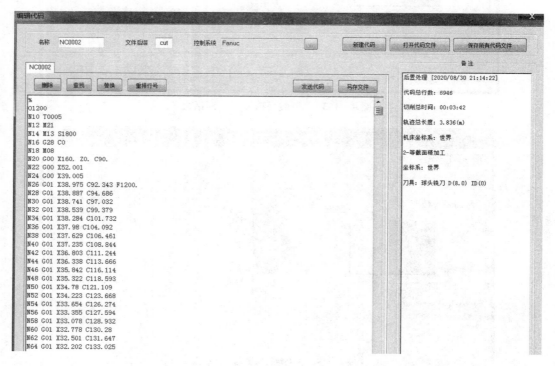

图 4-166　生成等截面精加工程序

4.13.4　课堂练习

采用等截面粗加工功能来编写如图 4-167 所示的椭圆柱零件的加工程序。

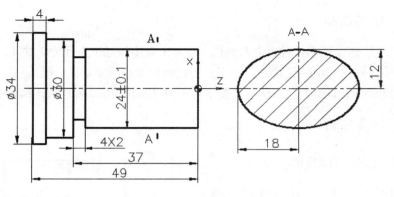

图 4 – 167 　 椭圆柱零件图

任务 4.14 　四棱柱零件 G01 钻孔加工

4.14.1 　 任务描述

采用圆柱面径向 G01 钻孔加工功能来编写如图 4 – 168 所示
的四棱柱轴零件的径向钻孔加工程序。

四棱柱零件 G01 钻孔加工

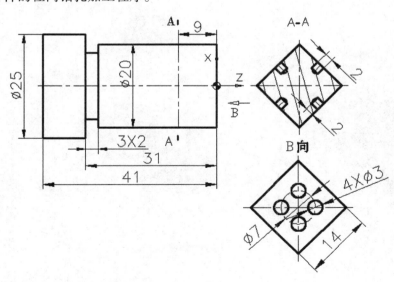

图 4 – 168 　 四棱柱轴零件图

4.14.2　任务解析

由图 4-168 可知，该零件右边为四棱柱，在 4 个面中间加工直径为 2 的孔，右端面加工 4 个直径为 3 的孔，采用 G01 钻孔功能来加工。棱柱面径向和端面钻孔只能采用车铣复合中心设备，而普通数控车床不能加工。本任务主要学习 G01 径向钻孔和端面钻孔编程方法。

4.14.3　任务实施

4.14.3.1　四棱柱体径向钻孔

1. 绘制如图 4-169 所示的断面图，在工件右端面中心建立工件坐标系，确定钻孔的轴线位置、下刀点 A 和终止点 B。

2. 在"数控车"选项卡中，单击"C 轴加工"面板中的"径向 G01 钻孔"按钮，弹出"径向 G01 钻孔"对话框，如图 4-170 所示。钻孔方式：下刀次数 2。

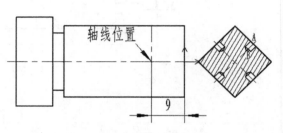

图 4-169　钻孔下刀点和终止点

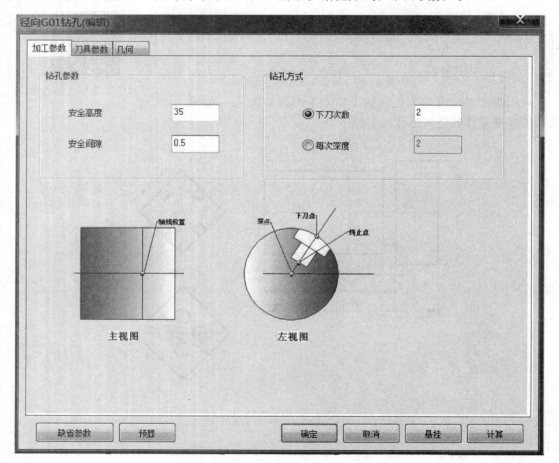

图 4-170　"径向 G01 钻孔"对话框

3. 在"几何"页面中，拾取主视图中的轴位点，拾取左视图中的原点，拾取左视图中的下刀点 A，拾取左视图中的终止点 B，如图 4-171 所示。

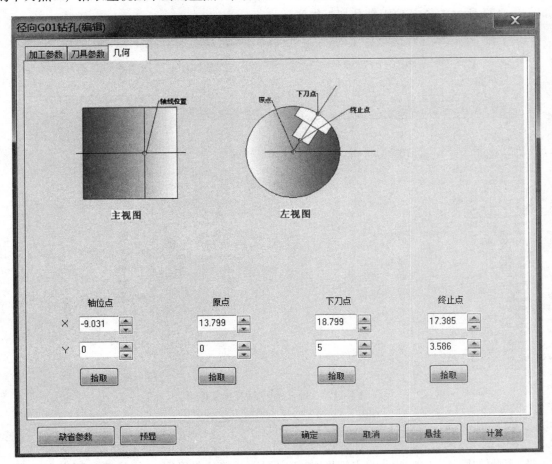

图 4-171　径向 G01 钻孔几何参数设置

4. 选择 $\phi 2$ mm 的钻头，切削速度为 S800，单击"确定"按钮退出对话框，生成径向 G01 钻孔加工轨迹。同理，完成其他 3 个孔的钻孔加工轨迹，如图 4-172 所示。

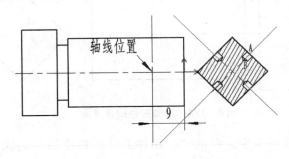

图 4-172　径向 G01 钻孔加工轨迹

5. 在"数控车"选项卡中，单击"后置处理"面板上的"后置处理"按钮 **G**，弹出

"后置处理"对话框，选择控制系统文件"Fanuc"，机床配置文件选择"车加工中心_4x_XYZC"，单击"拾取"按钮，分别拾取 4 个钻孔加工轨迹，然后单击"后置"按钮，生成如图 4-173 所示的径向 G01 钻孔加工程序。

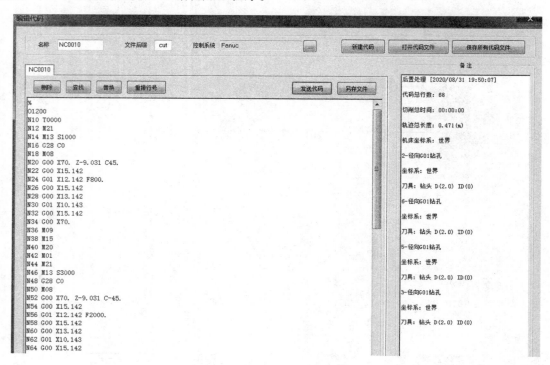

图 4-173 径向 G01 钻孔加工程序

4.14.3.2 四棱柱体端面 G01 钻孔加工

1. 绘制如图 4-174 所示的主视图和 *B* 向视图。确定钻孔的轴线位置、原点和孔的中心点。

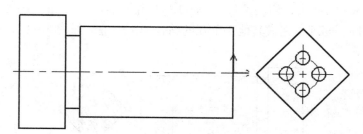

图 4-174 绘制主视图和 *B* 向视图

2. 在"数控车"选项卡中，单击"*C* 轴加工"面板中的"端面 G01 钻孔"按钮，弹出"端面 G01 钻孔"对话框，如图 4-175 所示。钻孔方式：下刀次数 2。

3. 在"几何"页面中，拾取主视图中的轴向位置点，拾取左视图中的原点，依次拾取左视图中 4 个孔的中心点，如图 4-176 所示。

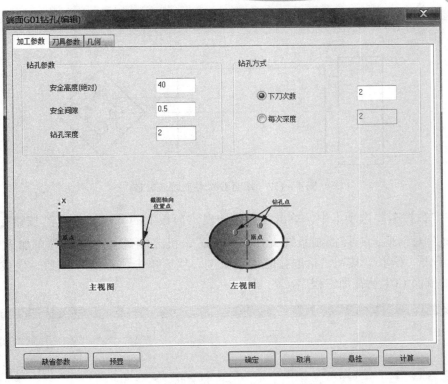

图 4 – 175　"端面 G01 钻孔" 对话框

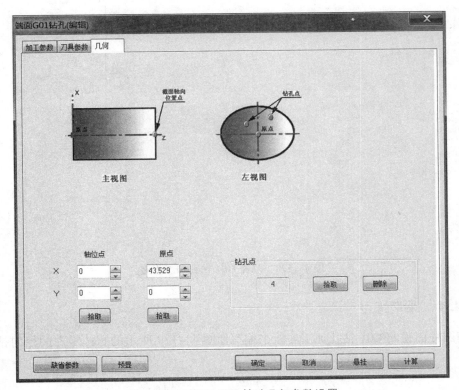

图 4 – 176　端面 G01 钻孔几何参数设置

4. 选择 φ3 mm 钻头，单击"确定"按钮退出对话框，生成如图 4 – 177 所示的端面 G01 钻孔加工轨迹。

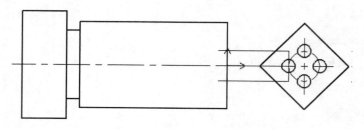

图 4 – 177　端面 G01 钻孔加工轨迹

5. 在"数控车"选项卡中，单击"后置处理"面板上的"后置处理"按钮 **G**，弹出"后置处理"对话框，选择控制系统文件"Fanuc"，机床配置文件选择"车加工中心_4x_XYZC"，单击"拾取"按钮，拾取孔的加工轨迹，然后单击"后置"按钮，生成如图 4 – 178 所示的端面 G01 钻孔加工程序。

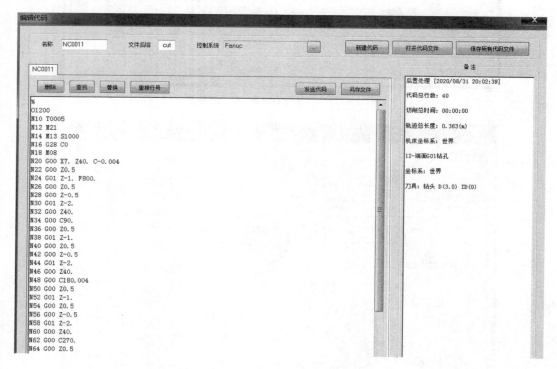

图 4 – 178　端面 G01 钻孔加工程序

4. 14. 4　课堂练习

采用圆柱面径向 G01 钻孔加工功能来编写如图 4 – 179 所示的圆柱零件的径向钻孔加工程序。

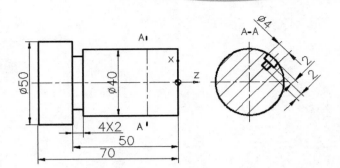

图 4 – 179 圆柱零件图

项目 5
CAXA 数控车 2020 典型
零件车削编程实例

CAXA 数控车是在全新的数控加工平台上开发的数控车床加工编程和二维图形设计软件。其不仅能加工常用轴类零件内、外轮廓，还能加工端面槽、异形螺纹等。

本项目主要学习螺纹特型轴的车削编程、螺纹配合件的车削编程、双头多槽螺纹件的车削编程和两件套圆弧组合件的车削编程，通过这些加工编程实例的学习，掌握 CAXA 数控车 2020 软件综合编程的基本方法，学会编写典型零件的数控车削加工程序。

任务 5.1 螺纹特型轴的车削编程实例

5.1.1　任务描述

完成图 5-1 所示螺纹特型轴的粗加工程序编制。零件材料为 45 号钢，毛坯为 $\phi60$ mm 的棒料。

螺纹特型轴的
车削编程实例

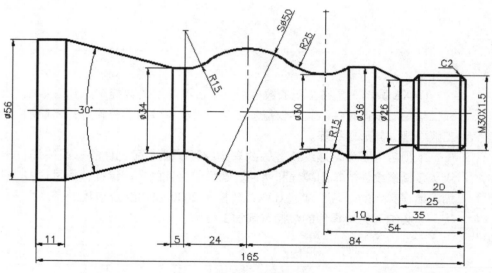

图 5-1　螺纹特型轴零件图

5.1.2　任务解析

该零件表面由圆柱、圆锥、顺圆弧、逆圆弧及外螺纹等表面组成。因为工件较长，右端面应先粗车并钻好中心孔。加工顺序按由粗到细、由近到远（由右到左）的原则确定。即先从右到左进行粗车（留有 0.2 mm 精车余量），然后从右到左进行精车，最后车削螺纹。本任务主要通过螺纹特型轴零件的数控编程实例来学习 CAXA 数控车平端面、外轮廓粗加工、切槽和切断加工编程方法。

5.1.3　任务实施

5.1.3.1　车右端面

1. 在"常用"选项卡中，单击"绘图"面板中的"直线"按钮 ╱，在"立即"菜单中，选择两点线、连续、正交方式，捕捉右端面中心点，向上绘制 30 mm 竖直线，向右绘制 2 mm 水平线，向下绘制 30 mm 竖直线，向左绘制 2 mm 水平线，完成加工轮廓和毛坯轮廓绘制，结果如图 5-2 所示。

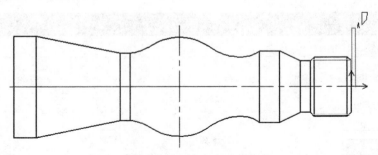

图 5-2　绘制加工轮廓和毛坯轮廓

2. 在"数控车"选项卡中，单击"二轴加工"面板中的"车削粗加工"按钮 ，弹出"车削粗加工"对话框，如图 5-3 所示。加工参数设置：加工表面类型选择"端面"，加工方式选择"行切"，加工角度"270"，切削行距"0.6"，主偏角干涉角度"3"，副偏角干涉角度"20"，刀尖半径补偿选择"编程时考虑半径补偿"。

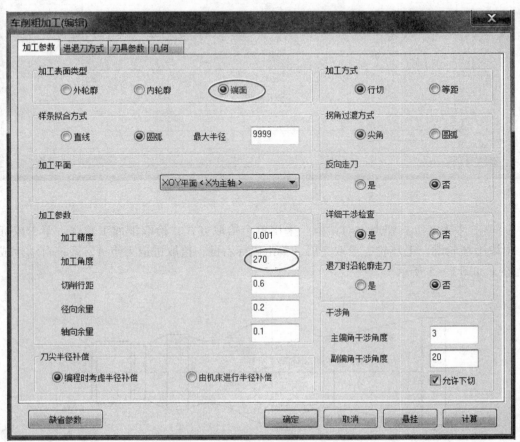

图 5-3　粗车右端面加工参数设置

3. 每行相对毛坯及加工表面的进刀方式设置为长度"1"，夹角"45"。选择"轮廓车刀"，刀尖半径设为"0.4"，主偏角"93"，副偏角"20"，刀具偏置方向为"右偏"，对刀点方式为"刀尖尖点"，刀片类型为"普通刀片"，如图 5-4 所示。

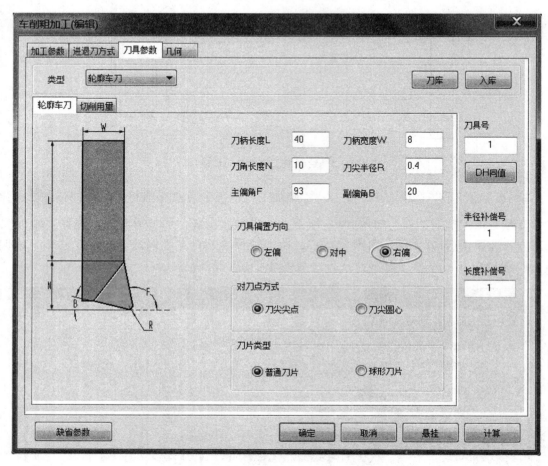

图 5-4　粗车右端面刀具参数设置

4. 单击"确定"按钮退出对话框。采用单个拾取方式，拾取被加工轮廓，单击鼠标右键，拾取毛坯轮廓。毛坯轮廓拾取完后，单击鼠标右键，拾取进退刀点 A，系统自动生成刀具轨迹，如图 5-5 所示。

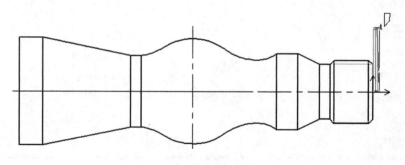

图 5-5　右端面加工刀路轨迹

5. 在"数控车"选项卡中，单击"后置处理"面板中的"后置处理"按钮 **G**，弹出"后置处理"对话框，选择控制系统文件"Fanuc"，机床配置文件选择"数控车床_2x_XZ"，单击"拾取"按钮，拾取加工轨迹。然后单击"后置"按钮，弹出"编辑代码"对话框，如图 5 - 6 所示，生成零件右端面轮廓粗加工程序。

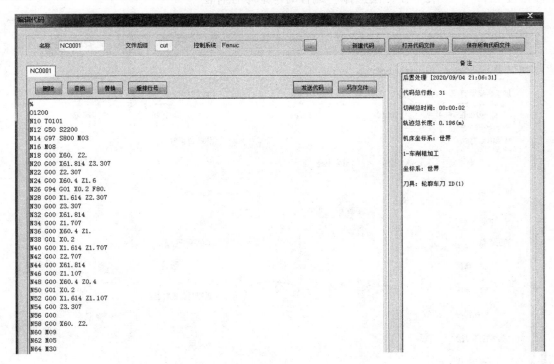

图 5 - 6　粗车右端面加工程序

5.1.3.2　粗车外轮廓

1. 在"常用"选项卡中，单击"绘图"面板中的"直线"按钮 ╱，在"立即"菜单中，选择两点线、连续、正交方式，捕捉左角点，向上绘制 2 mm，向右绘制 170 mm 直线，向下绘制 20 mm。用"延伸"命令延长倒角线，完成毛坯轮廓线绘制，如图 5 - 7 所示。

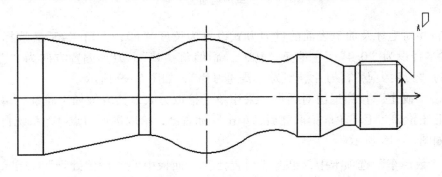

图 5 - 7　绘制毛坯轮廓线

2. 在"数控车"选项卡中,单击"二轴加工"面板中的"车削粗加工"按钮,弹出"车削粗加工"对话框,如图 5-8 所示。加工参数设置:加工表面类型选择"外轮廓",加工方式选择"行切",加工角度"180",切削行距"1",主偏角干涉角度"10",副偏角干涉角度"45",刀尖半径补偿选择"编程时考虑半径补偿"。

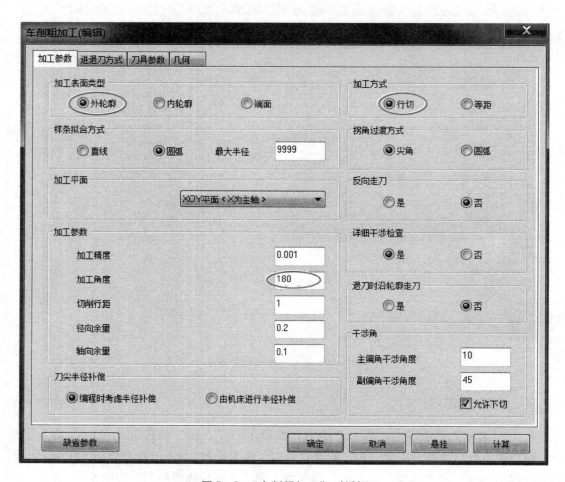

图 5-8 "车削粗加工"对话框

3. 每行相对毛坯及加工表面的进刀方式设置为长度"1",夹角"45"。选择"轮廓车刀",刀尖半径设为"0.4",主偏角"100",副偏角"45",刀具偏置方向为"左偏",对刀点方式为"刀尖尖点",刀片类型为"普通刀片",如图 5-9 所示。

4. 单击"确定"按钮退出对话框。采用单个拾取方式,拾取被加工轮廓,单击鼠标右键,拾取毛坯轮廓。毛坯轮廓拾取完后,单击鼠标右键,拾取进退刀点 A,系统自动生成刀具轨迹,如图 5-10 所示。

5. 在"数控车"选项卡中,单击"后置处理"面板中的"后置处理"按钮 **G**,弹出"后置处理"对话框,选择控制系统文件"Fanuc",机床配置文件选择"数控车床_2x_

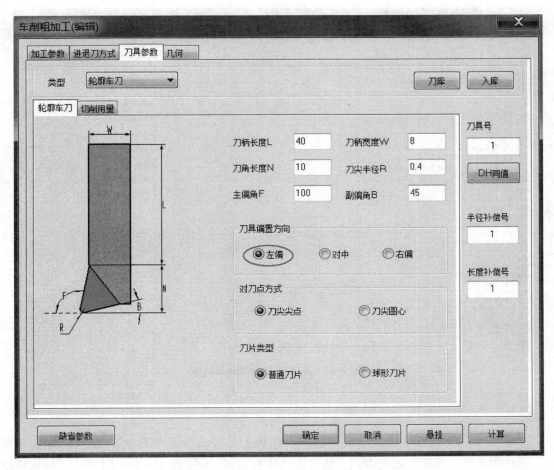

图 5－9　外轮廓粗车刀具参数设置

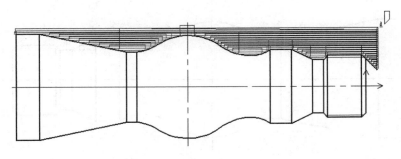

图 5－10　粗车右端面加工轨迹

XZ"，单击"拾取"按钮，拾取加工轨迹，然后单击"后置"按钮，弹出"编辑代码"对话框，如图 5－11 所示，生成零件外轮廓粗加工程序。

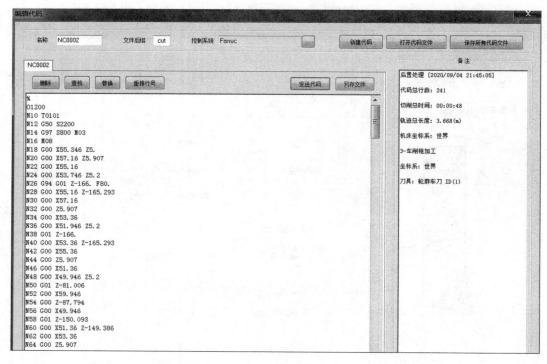

图 5-11 零件外轮廓粗加工程序

5.1.3.3 车削螺纹

1. 在"常用"选项卡中，单击"绘图"面板上的"直线"按钮 ，在"立即"菜单中，选择两点线、连续、正交方式，捕捉螺纹线左端点，向左绘制 3 mm 到 B 点，捕捉螺纹线右端点，向右绘制 5 mm 到 A 点，确定进退刀点 A，如图 5-12 所示。

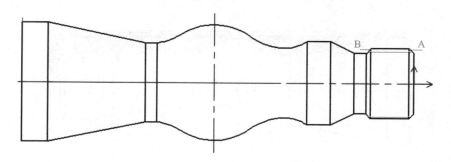

图 5-12 绘制螺纹加工线

2. 在"数控车"选项卡中，单击"二轴加工"面板上的"车螺纹加工"按钮 ，弹出"车螺纹加工"对话框，如图 5-13 所示。设置螺纹参数：选择螺纹类型为"外螺纹"，拾取螺纹加工起点 A，拾取螺纹加工终点 B，拾取螺纹加工进退刀点 A，螺纹节距"1.5"，螺纹牙高"0.83"，螺纹头数"1"。

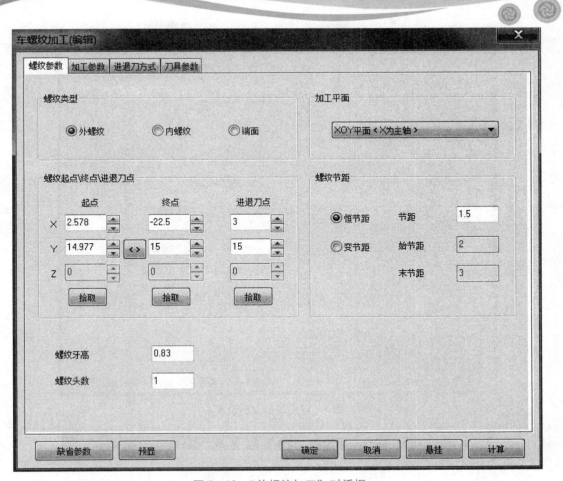

图 5 – 13　"外螺纹加工"对话框

数控车床在计算螺纹牙高数据时区别于普通车床，即牙高的计算公式为：

$$h = （螺距 \times 1.107）\div 2$$

3. 设置螺纹加工参数：加工工艺选择"粗加工"，粗加工深度"0.83"，每行切削用量选择"恒定切削面积"，第一刀行距"0.1"，最小行距"0.06"，每行切入方式选择"沿牙槽中心线"，如图 5 – 14 所示。

沿牙槽中心线进刀：垂直进刀，两刀刃同时车削，适用于小螺距螺纹的加工。

4. 单击"切削用量"参数页，设置切削用量：进刀量 0.20 mm/rev，选择"恒转速"，主轴转速设为 500 r/min，如图 5 – 15 所示。

5. 单击"确定"按钮退出"车螺纹加工"对话框，系统自动生成螺纹加工轨迹，如图 5 – 16 所示。

6. 在"数控车"选项卡中，单击"后置处理"面板上的"后置处理"按钮 **G**，弹出"后置处理"对话框，选择控制系统文件"Fanuc"，机床配置文件选择"数控车床_2x_XZ"，单击"拾取"按钮，拾取加工轨迹，然后单击"后置"按钮，弹出"编辑代码"对话框，系统自动生成螺纹加工程序，如图 5 – 17 所示。

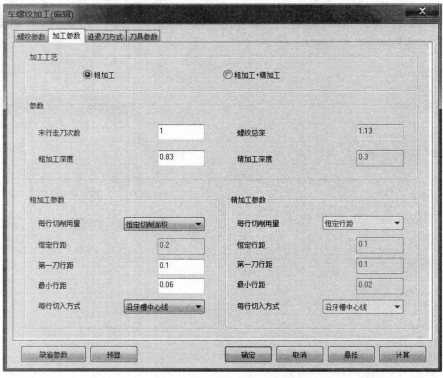

图 5-14 加工参数设置

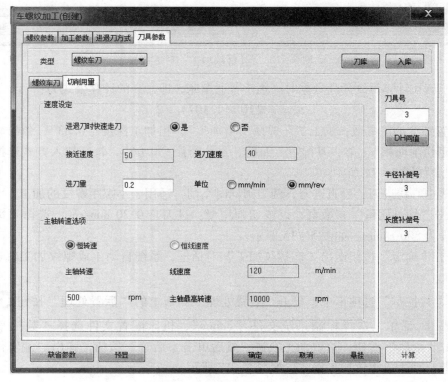

图 5-15 切削用量参数设置

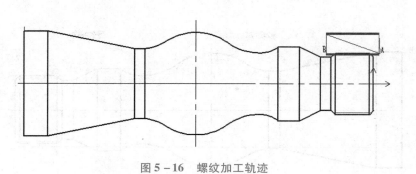

图 5 - 16　螺纹加工轨迹

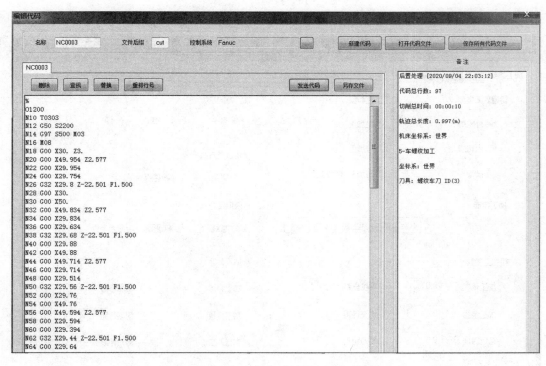

图 5 - 17　螺纹加工程序

5.1.3.4　切断加工

1. 在"常用"选项卡中,单击"绘图"面板中的"直线"按钮 ✎,在"立即"菜单中,选择两点线、连续、正交方式,捕捉左端面中心点,向左绘制 4 mm 水平线,向上绘制 30 mm 竖直线,两边竖线上边平齐,完成加工轮廓的绘制,结果如图 5 - 18 所示。

2. 在"数控车"选项卡中,单击"二轴加工"面板中的"车削槽加工"按钮 🔲,弹出"车削槽加工"对话框,如图 5 - 19 所示。加工参数设置:切槽表面类型选择"外轮廓",加工方向选择"纵深",加工余量"0",切深行距"1",退刀距离"3",刀尖半径补偿选择"编程时考虑半径补偿"。

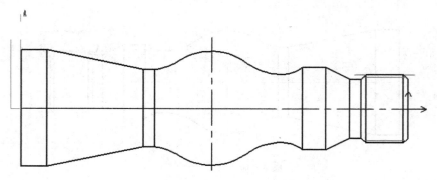

图 5 - 18   绘制加工轮廓

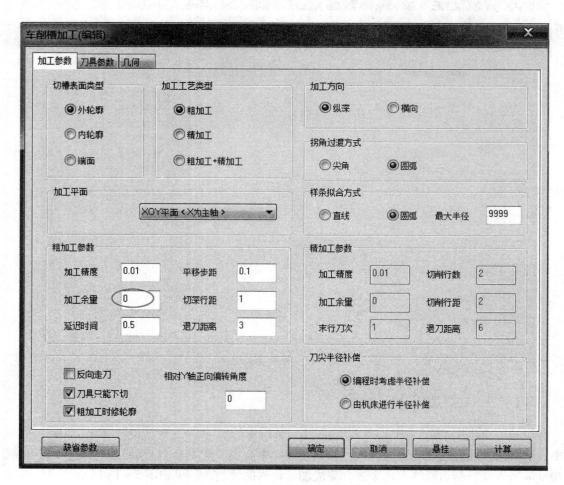

图 5 - 19   加工参数设置

3. 选择宽度为 4 mm 的切槽刀进行切断加工，设置刀尖半径 "0.2"，刀具位置 "5"，编程刀位 "前刀尖"，如图 5 - 20 所示。

4. "切削用量" 设置：进刀量 0.2 mm/rev，主轴转速 800 r/min。

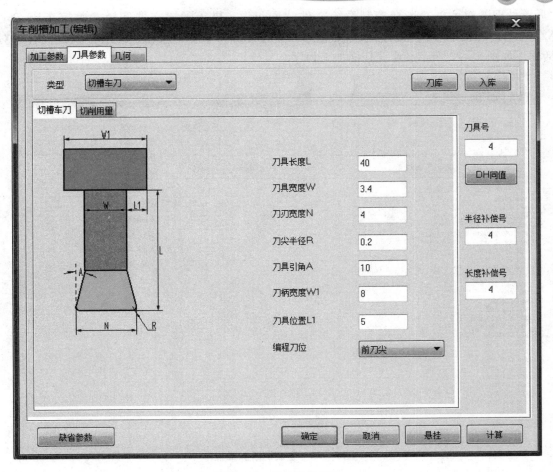

图 5 - 20 刀具参数设置

5. 单击"确定"按钮退出对话框。采用单个拾取方式，拾取被加工轮廓，单击鼠标右键，拾取进退刀点 A，生成切断加工轨迹，如图 5 - 21 所示。

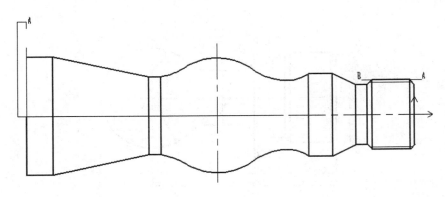

图 5 - 21 切断加工轨迹

6. 在"数控车"选项卡中，单击"后置处理"面板中的"后置处理"按钮 **G**，弹出

"后置处理"对话框，选择控制系统文件"Fanuc"，机床配置文件选择"数控车床_2x_XZ"，单击"拾取"按钮，拾取加工轨迹，然后单击"后置"按钮，弹出"编辑代码"对话框，如图 5 - 22 所示，生成切断加工程序。

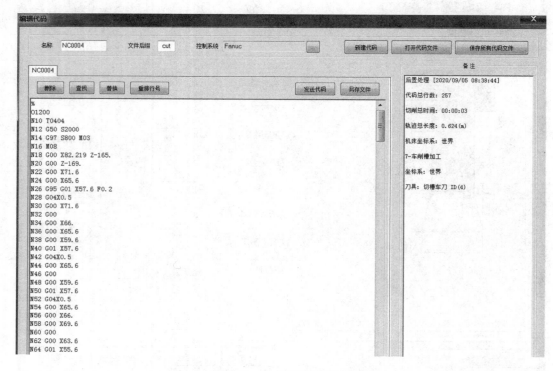

图 5 - 22　生成切断加工程序

5.1.4　课堂练习

完成图 5 - 23 所示的球头轴零件粗精加工程序编制。零件材料为 45 号钢，毛坯为 $\phi50$ mm 的棒料。

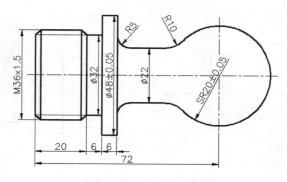

图 5 - 23　球头轴零件图

螺纹配合件的
车削编程实例

任务 5.2 螺纹配合件的车削编程实例

5.2.1 任务描述

完成图 5 – 24 所示螺纹配合件的粗加工程序编制。零件材料为 45 号钢，毛坯为 φ50 mm 的棒料。

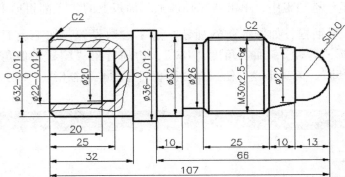

图 5 – 24　螺纹配合件零件图

5.2.2 任务解析

该零件表面由内外圆柱面及外螺纹等表面组成，其中多个直径尺寸与轴向尺寸有较高的尺寸精度和表面粗糙度要求。零件图样上带公差的尺寸，因公差值较小，故编程时不必取其平均值，而取基本尺寸即可。先加工右侧带有螺纹的部分：可先粗车外圆表面，然后加工外轮廓表面。由于该零件外圆部分由球面和圆锥面构成，故采用等距方式，轮廓表面车削走刀路线可沿零件轮廓顺序进行按路线加工。加工左侧带内孔的部分：可先粗车外圆表面，然后加工外轮廓表面。由于该零件外圆部分由直线构成，故采用行切方式加工，轮廓表面车削走刀路线可沿零件轮廓顺序进行，按路线加工。内圆部分采取先钻孔后镗孔的方法。本任务主要通过螺纹配合件的数控编程实例来学习 CAXA 数控车内外轮廓粗加工、切槽加工和螺纹加工方法。

5.2.3 任务实施

5.2.3.1 外轮廓粗加工

1. 在"常用"选项卡中，单击"绘图"面板中的"直线"按钮，在"立即"菜单中，选择两点线、连续、正交方式，捕捉右交点，向上绘制 2 mm 竖直线，向右绘制 86 mm

水平线，下面作 *R*4 圆弧过渡，完成毛坯轮廓线的绘制，如图 5 – 25 所示。

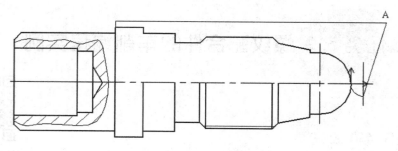

图 5 – 25　绘制毛坯轮廓线

2. 在"数控车"选项卡中，单击"二轴加工"面板上的"车削粗加工"按钮 ，弹出"车削粗加工"对话框，如图 5 – 26 所示。加工参数设置：加工表面类型选择"外轮廓"，加工方式选择"等距"，加工角度"180"，切削行距"1"，主偏角干涉角度"10"，副偏角干涉角度"55"，刀尖半径补偿选择"编程时考虑半径补偿"。

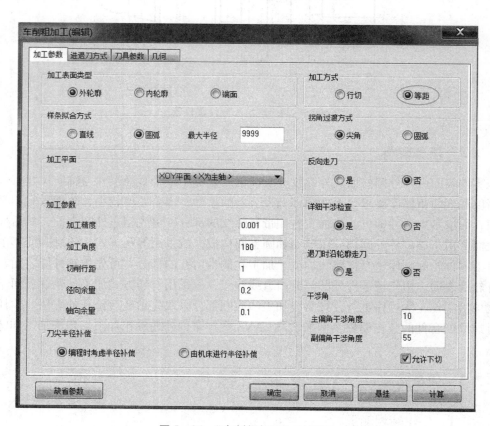

图 5 – 26　"车削粗加工"对话框

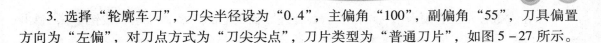

3. 选择"轮廓车刀",刀尖半径设为"0.4",主偏角"100",副偏角"55",刀具偏置方向为"左偏",对刀点方式为"刀尖尖点",刀片类型为"普通刀片",如图 5 – 27 所示。

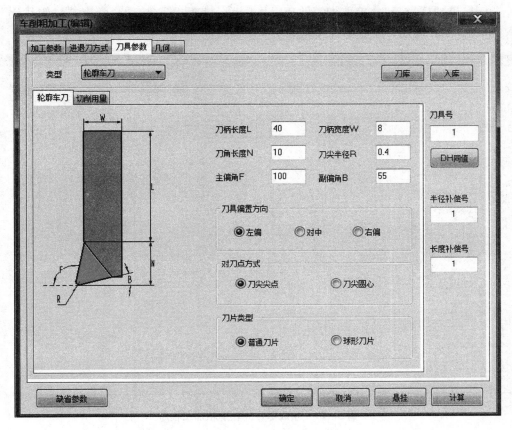

图 5 – 27　刀具参数设置

4. 单击"确定"按钮退出对话框,采用单个拾取方式,拾取被加工轮廓。单击右键,拾取毛坯轮廓。毛坯轮廓拾取完后,单击鼠标右键,拾取进退刀点 A,系统自动生成刀具轨迹,如图 5 – 28 所示。

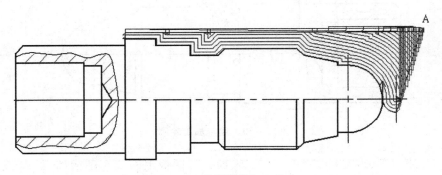

图 5 – 28　外轮廓粗加工轨迹

5. 在"数控车"选项卡中，单击"后置处理"面板上的"后置处理"按钮 **G**，弹出"后置处理"对话框，选择控制系统文件"Fanuc"，机床配置文件选择"数控车床_2x_XZ"，单击"拾取"按钮，拾取加工轨迹，然后单击"后置"按钮，弹出"编辑代码"对话框，如图 5 – 29 所示，生成零件外轮廓粗加工程序。

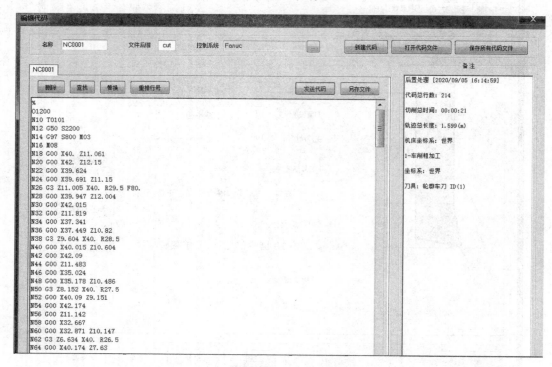

图 5 – 29　生成零件外轮廓粗加工程序

5.2.3.2　切槽加工

1. 将槽的左右边向上延长 2 mm，确定进退刀点 A，如图 5 – 30 所示。

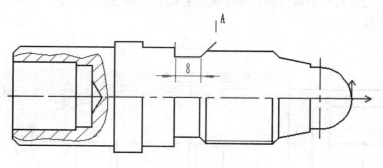

图 5 – 30　绘制加工轮廓

2. 在"数控车"选项卡中，单击"二轴加工"面板上的"车削槽加工"按钮 ，弹出"车削槽加工"对话框。设置加工参数：切槽表面类型选择"外轮廓"，加工方向选择

"纵深"，加工余量"0.1"，切深行距"1"，退刀距离"3"，刀具半径补偿选择"编程时考虑半径补偿"，如图 5 – 31 所示。

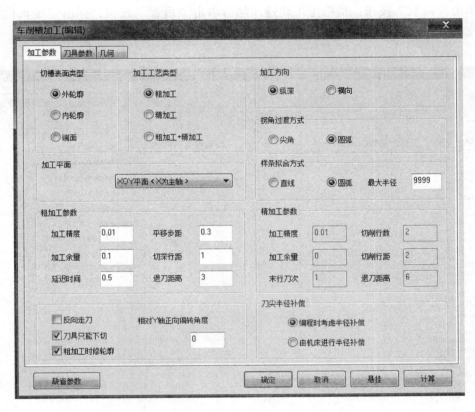

图 5 – 31 切槽加工参数设置

3. 选择宽度为 4 mm 的切槽刀，刀尖半径设为"0.1"，刀具位置"5"，编程刀位"前刀尖"。切削用量设置：进刀量 0.2 mm/rev，主轴转速 600 r/min。单击"确定"按钮退出对话框，采用单个拾取方式，拾取被加工轮廓，单击鼠标右键，拾取进退刀点 A，生成切槽加工轨迹，如图 5 – 32 所示。

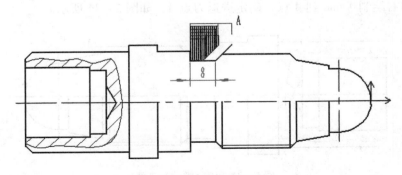

图 5 – 32 生成切槽加工轨迹

4. 在"数控车"选项卡中，单击"后置处理"面板上的"后置处理"按钮 **G**，弹出"后置处理"对话框，选择控制系统文件"Fanuc"，机床配置文件选择"数控车床_2x_XZ"，单击"拾取"按钮，拾取加工轨迹，然后单击"后置"按钮，弹出"编辑代码"对话框，如图 5–33 所示，系统自动生成切槽加工程序。

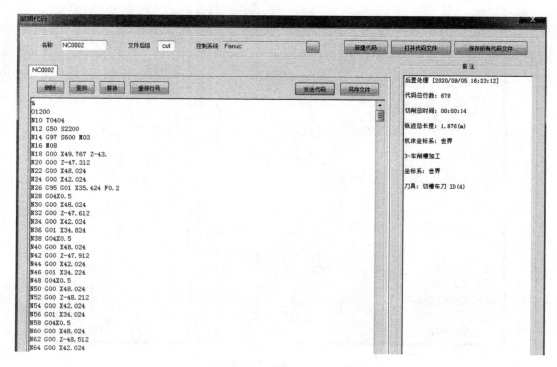

图 5 – 33　切槽加工程序

5.2.3.3　外螺纹加工

1. 在"常用"选项卡中，单击"绘图"面板上的"直线"按钮 **/**，在"立即"菜单中，选择两点线、连续、正交方式，捕捉螺纹线左端点，向左绘制 4 mm 到 *B* 点，捕捉螺纹线右端点，向右绘制 4 mm 到 *A* 点，确定进退刀点 *A*，如图 5–34 所示。

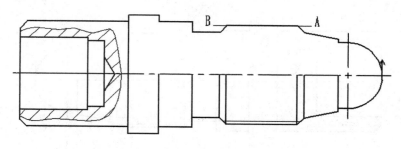

图 5 – 34　绘制螺纹加工线

2. 在"数控车"选项卡中，单击"二轴加工"面板上的"螺纹固定循环"按钮 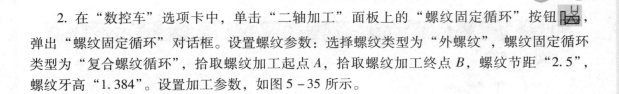，弹出"螺纹固定循环"对话框。设置螺纹参数：选择螺纹类型为"外螺纹"，螺纹固定循环类型为"复合螺纹循环"，拾取螺纹加工起点 A，拾取螺纹加工终点 B，螺纹节距"2.5"，螺纹牙高"1.384"。设置加工参数，如图 5-35 所示。

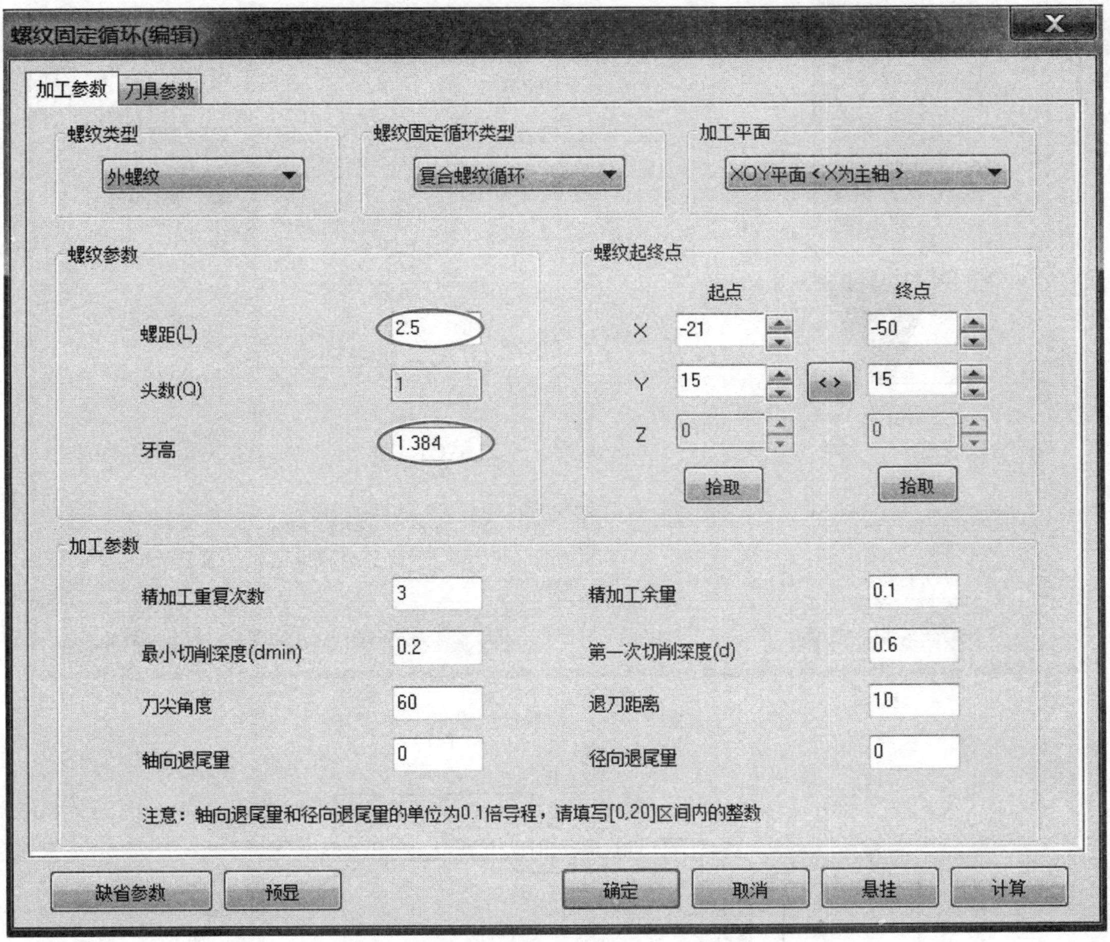

图 5-35　外螺纹加工参数设置

3. 设置刀具参数，如图 5-36 所示。

4. 单击"切削用量"参数页，设置切削用量：进刀量 0.30 mm/rev，选择"恒转速"，主轴转速设为 600 r/min。

5. 单击"确定"按钮退出对话框，系统自动生成螺纹加工轨迹，如图 5-37 所示。

6. 在"数控车"选项卡中，单击"后置处理"面板上的"后置处理"按钮 **G**，弹出"后置处理"对话框。选择控制系统文件"Fanuc"，机床配置文件选择"数控车床_2x_

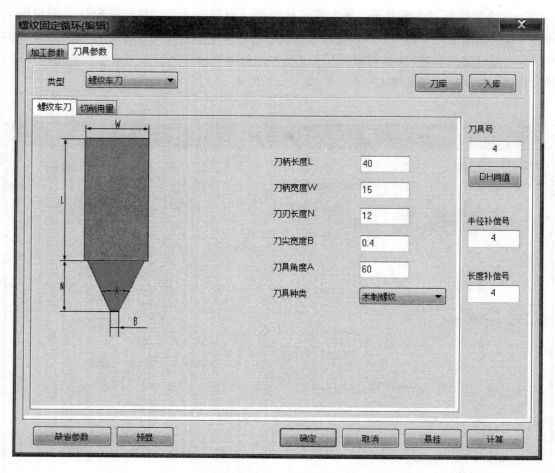

图 5 – 36 刀具参数设置

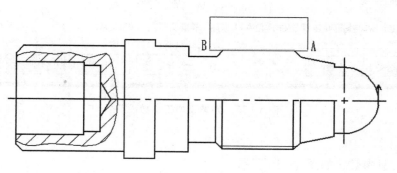

图 5 – 37 螺纹加工轨迹

XZ"，单击"拾取"按钮，拾取加工轨迹，然后单击"后置"按钮，弹出"编辑代码"对话框，系统自动生成螺纹加工程序，如图 5 – 38 所示。

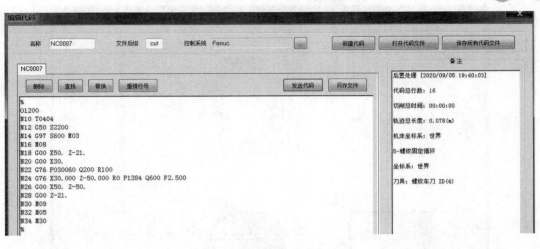

图 5 - 38　螺纹加工程序

5.2.3.4　钻孔加工

1. 采用"镜像"等命令将零件图反转过来，并绘制如图 5 - 39 所示的端面向视图。确定钻孔的轴线位置、原点和孔的中心点。

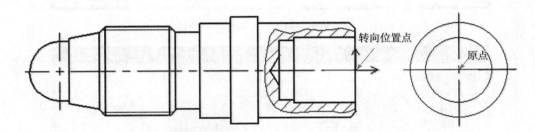

图 5 - 39　绘制主视图和端面向视图

2. 在"数控车"选项卡中，单击"C 轴加工"面板中的"端面 G01 钻孔"按钮，弹出"端面 G01 钻孔"对话框，如图 5 - 40 所示。钻孔深度"25"，钻孔方式"下刀次数""2"。

3. 在"几何"页面中，拾取主视图中的轴向位置点，拾取端面向视图中的原点，拾取端面向视图的中心点作为钻孔中心点，如图 5 - 41 所示。

4. 选择 φ10 的钻头，单击"确定"按钮退出参数设置对话框，生成如图 5 - 42 所示的端面 G01 钻孔加工轨迹。

5. 在"数控车"选项卡中，单击"后置处理"面板上的"后置处理"按钮 **G**，弹出"后置处理"对话框，选择控制系统文件"Fanuc"，机床配置文件选择"车加工中心_4x_XYZC"，单击"拾取"按钮，拾取孔的加工轨迹，然后单击"后置"按钮，生成如图 5 - 43 所示的端面 G01 钻孔加工程序。

185

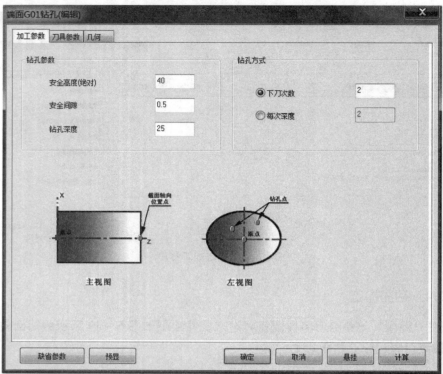

图 5-40 "端面 G01 钻孔"对话框

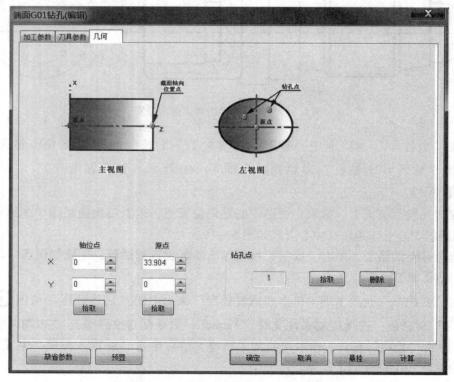

图 5-41 端面 G01 钻孔几何参数设置

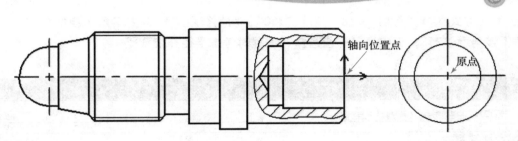

图 5 - 42 端面 G01 钻孔加工轨迹

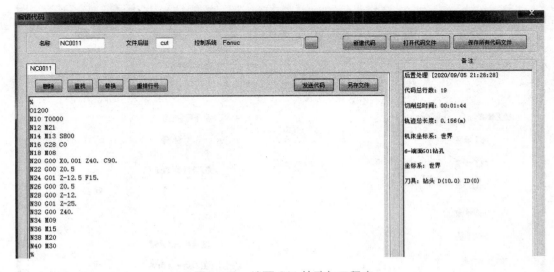

图 5 - 43 端面 G01 钻孔加工程序

5.2.3.4 镗孔加工

1. 在"常用"选项卡中,单击"绘图"面板上的"直线"按钮 ╱,在"立即"菜单中,选择两点线、连续、正交方式,捕捉内孔右端点,向右绘制 3 mm,向下绘制 6 mm 直线,确定进退刀点 A,完成毛坯轮廓线的绘制,如图 5 - 44 所示。

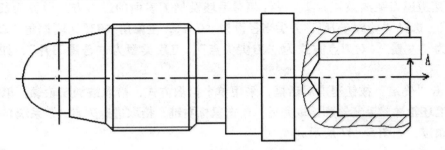

图 5 - 44 绘制毛坯轮廓线

2. 在"数控车"选项卡中,单击"二轴加工"面板上的"车削粗加工"按钮 ▦,弹出"车削粗加工"对话框,如图 5 - 45 所示。加工参数设置:加工表面类型选择"内轮廓", 加工方式选择"行切", 加工角度"180", 切削行距"1", 主偏角干涉角度"3", 副偏角干涉角度"25", 刀尖半径补偿选择"编程时考虑半径补偿"。

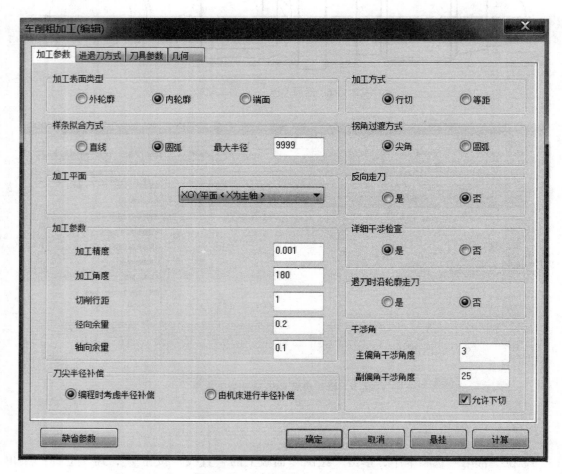

图 5 – 45 "车削粗加工"对话框

3. 快速进退刀距离设置为 2。每行相对毛坯及加工表面的进刀方式设置为长度"1", 夹角"45"。选择"轮廓车刀", 刀尖半径设为"0.4", 主偏角"93", 副偏角"25", 刀具偏置方向为"左偏", 对刀点方式为"刀尖尖点", 刀片类型为"普通刀片", 如图 5 – 46 所示。

4. 单击"确定"按钮退出对话框, 采用单个拾取方式, 拾取被加工轮廓, 单击鼠标右键, 拾取毛坯轮廓。毛坯轮廓拾取完后, 单击鼠标右键, 拾取进退刀点 A, 系统自动生成内轮廓加工轨迹, 如图 5 – 47 所示。

5. 在"数控车"选项卡中, 单击"后置处理"面板上的"后置处理"按钮 **G**, 弹出"后置处理"对话框, 选择控制系统文件"Fanuc", 机床配置文件选择"数控车床_2x_XZ", 单击"拾取"按钮, 拾取加工轨迹, 然后单击"后置"按钮, 弹出"编辑代码"对话框, 如图 5 – 48 所示, 生成零件内轮廓粗加工程序。

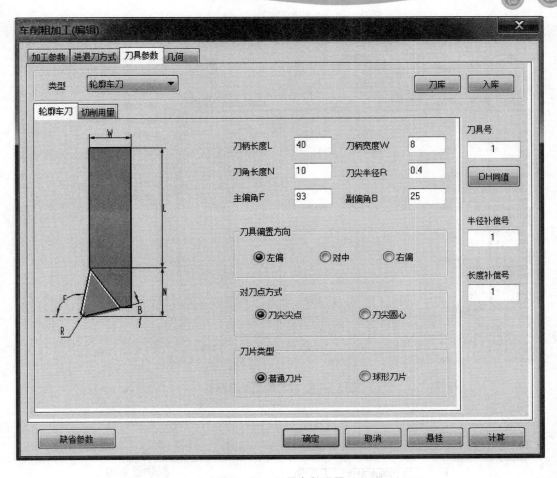

图 5 - 46 刀具参数设置

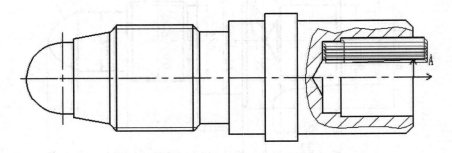

图 5 - 47 内轮廓加工轨迹

5.2.4 课堂练习

完成图 5 - 49 所示的螺纹配合件的粗加工程序编制。零件材料为 45 号钢，毛坯为 $\phi 50$ mm 的棒料。

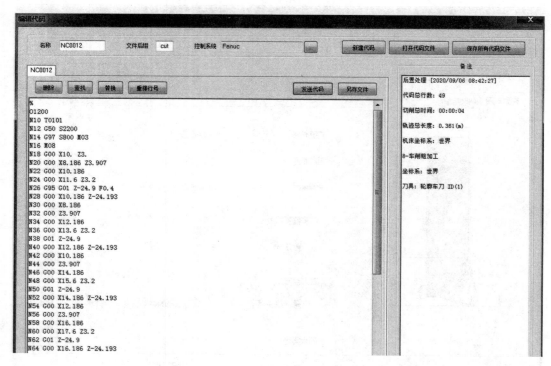

图 5-48　内轮廓粗加工程序

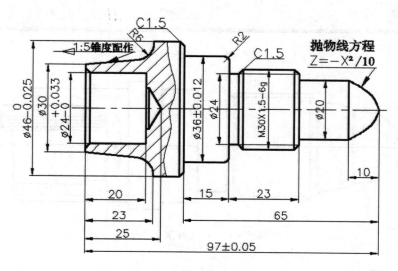

图 5-49　螺纹配合件零件图

任务 5.3 双头多槽螺纹件的车削编程实例

双头多槽螺纹件的
车削编程实例

5.3.1 任务描述

完成图 5-50 所示双头多槽螺纹件的粗加工程序编制。零件材料为
45 号钢，毛坯为 φ55 mm 的棒料。

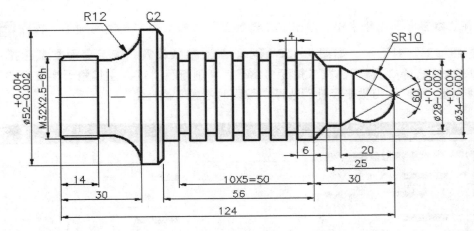

图 5-50 双头多槽螺纹零件图

5.3.2 任务解析

该零件表面由外圆柱面、多个等距槽及外螺纹等表面组成，零件图样上带公差的尺寸，因公差值较小，故编程时不必取其平均值，而取基本尺寸即可。零件需要掉头加工，注意掉头的对刀和端面找准。先加工右侧多个等距槽的部分，用三爪自动定心卡盘夹紧，结合本零件的结构特征，可先粗车外圆表面，然后加工外轮廓表面。由于该零件外圆部分由直线和圆弧面构成，故先用行切方式车去大部分圆轮廓，再用等距方式加工前端圆弧较多的外形，可以大大提高加工速度。加工左侧带有螺纹的部分，可先粗车外圆表面，然后加工外轮廓表面。由于该零件外圆部分有凹陷的形状，故用等距方式加工。本任务主要通过双头多槽螺纹的数控编程实例来学习 CAXA 数控车外轮廓粗精加工、切槽加工和螺纹加工方法。

5.3.3 任务实施

5.3.3.1 粗车右端外轮廓表面

1. 在"常用"选项卡中，单击"绘图"面板上的"直线"按钮 ，在"立即"菜单中，选择两点线、连续、正交方式，捕捉左角点，向上绘制 4 mm 直线，向右绘制 96 mm 直

线，确定进退刀点 A。完成加工轮廓和毛坯轮廓线绘制，如图 5 – 51 所示。

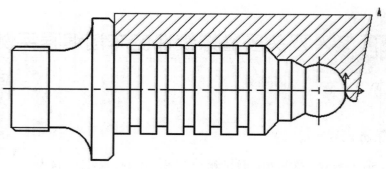

图 5 – 51　绘制毛坯轮廓线

2. 在"数控车"选项卡中，单击"二轴加工"面板上的"车削粗加工"按钮 ，弹出"车削粗加工"对话框，如图 5 – 52 所示。加工参数设置：加工表面类型选择"外轮廓"，加工方式选择"行切"，加工角度"180"，切削行距"1"，主偏角干涉角度"3"，副偏角干涉角度"20"，刀尖半径补偿选择"编程时考虑半径补偿"。

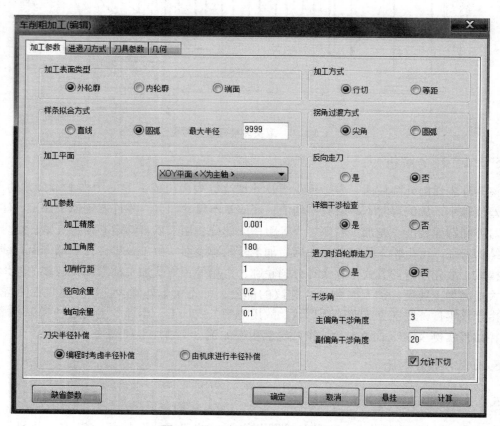

图 5 – 52　"车削粗加工"对话框

192

3. 选择"轮廓车刀",刀尖半径设为"0.5",主偏角"93",副偏角"20",刀具偏置方向为"左偏",对刀点方式为"刀尖尖点",刀片类型为"普通刀片",如图 5-53 所示。

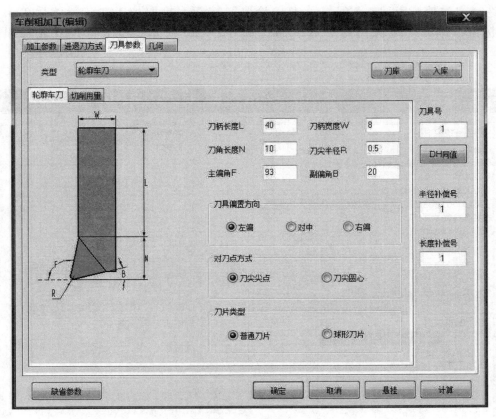

图 5-53 刀具参数设置

4. 单击"确定"按钮退出对话框,采用单个拾取方式,拾取被加工轮廓。单击鼠标右键,拾取毛坯轮廓。毛坯轮廓拾取完后,单击鼠标右键,拾取进退刀点 A,系统自动生成刀具轨迹,如图 5-54 所示。

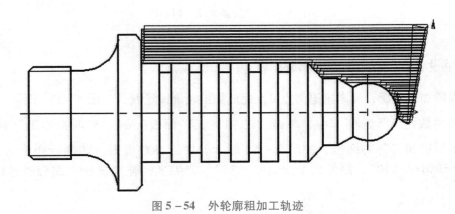

图 5-54 外轮廓粗加工轨迹

5. 在"数控车"选项卡中,单击"后置处理"面板上的"后置处理"按钮 **G**,弹出"后置处理"对话框,如图 5 - 55 所示。选择控制系统文件"Fanuc",机床配置文件选择"数控车床_2x_XZ",单击"拾取"按钮,拾取加工轨迹,然后单击"后置"按钮,弹出"编辑代码"对话框,如图 5 - 56 所示,生成零件外轮廓粗加工程序。

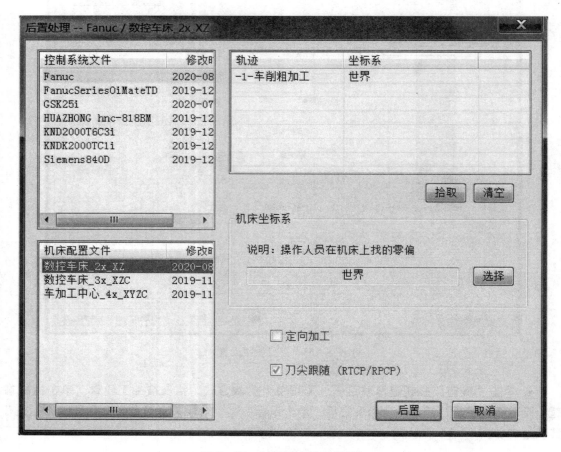

图 5 - 55 "后置处理"对话框

5.3.3.2 精车右端圆弧外轮廓表面

1. 保留加工轮廓,确定进退刀点 A,完成加工轮廓线绘制,如图 5 - 57 所示。

2. 在"数控车"选项卡中,单击"二轴加工"面板上的"车削精加工"按钮 ,弹出"车削精加工"对话框,如图 5 - 58 所示。加工参数设置:切削行距设为"0.2",主偏角干涉角度"10",副偏角干涉角度"35",刀尖半径补偿选择"编程时考虑半径补偿"。

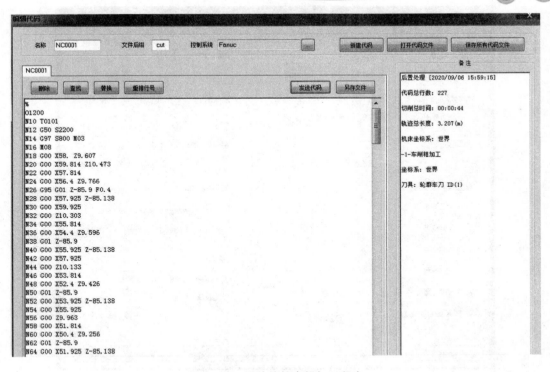

图 5 – 56　零件外轮廓粗加工程序

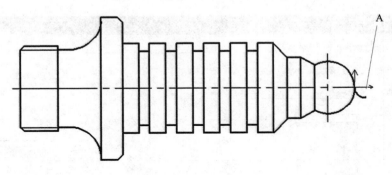

图 5 – 57　绘制加工轮廓线

3. 快速进退刀距离设置为 2。每行相对毛坯及加工表面的进刀方式设置为长度 "1"，夹角 "45"。选择 "轮廓车刀"，刀尖半径设为 "0.2"，主偏角 "100"，副偏角 "35"，刀具偏置方向为 "左偏"，对刀点方式为 "刀尖尖点"，刀片类型为 "球形刀片"，如图 5 – 59 所示。

4. 单击 "确定" 按钮退出对话框，采用单个拾取方式，拾取被加工轮廓，单击鼠标右键，拾取进退刀点 A，系统自动生成加工轨迹，如图 5 – 60 所示。

5. 在 "数控车" 选项卡中，单击 "后置处理" 面板上的 "后置处理" 按钮 **G**，弹出 "后置处理" 对话框，选择控制系统文件 "Fanuc"，机床配置文件选择 "数控车床_2x_XZ"，单击 "拾取" 按钮，拾取加工轨迹，然后单击 "后置" 按钮，弹出 "编辑代码" 对话框，如图 5 – 61 所示，生成零件外轮廓精加工程序。

图 5 - 58 "车削精加工"对话框

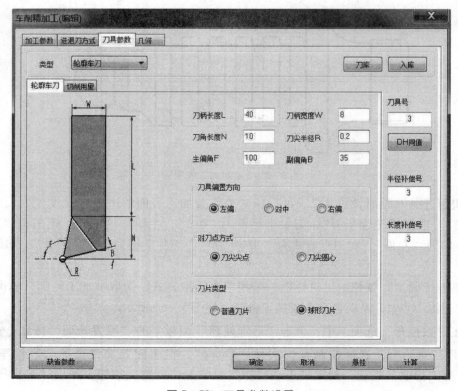

图 5 - 59 刀具参数设置

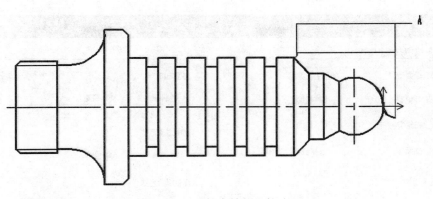

图 5-60 外轮廓精加工轨迹

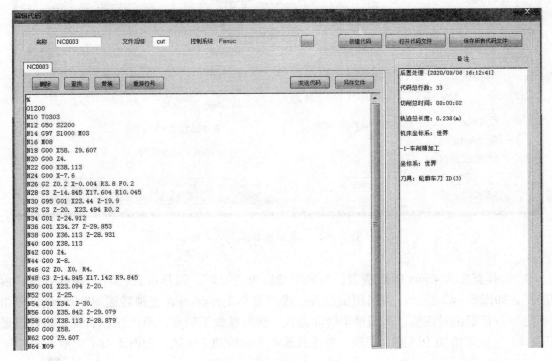

图 5-61 外轮廓精加工程序

5.3.3.3 等距槽加工

1. 将槽的左、右边向上延长 2 mm，确定进退刀点 A。

2. 在"数控车"选项卡中，单击"二轴加工"面板上的"车削槽加工"按钮 ，弹出"车削槽加工"对话框。设置加工参数：切槽表面类型选择"外轮廓"，加工方向选择"纵深"，加工余量"0"，切深行距"1"，退刀距离"3"，刀尖半径补偿选择"编程时考虑半径补偿"，如图 5-62 所示。

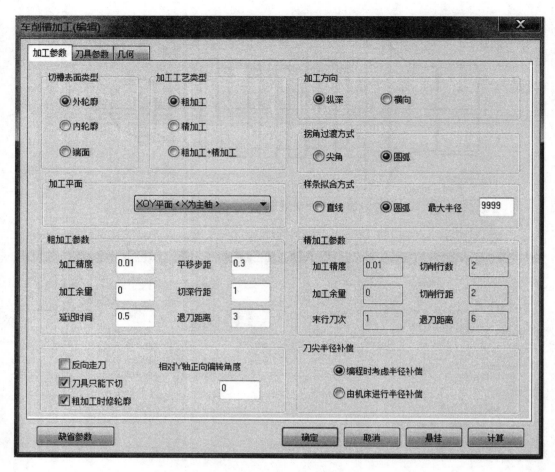

图 5 – 62　"车削槽加工"对话框

3. 选择宽度为 4 mm 的切槽刀，刀尖半径设为 "0.2"，刀具位置 "5"，编程刀位 "前刀尖"，如图 5 – 63 所示。切削用量设置：进刀量 0.2 mm/rev，主轴转速 600 r/min。单击 "确定" 按钮退出对话框。采用单个拾取方式，拾取被加工轮廓。单击鼠标右键，拾取进退刀点 A，生成切槽加工轨迹。同理，生成其他 4 个切槽加工轨迹，如图 5 – 64 所示。

4. 在 "数控车" 选项卡中，单击 "后置处理" 面板上的 "后置处理" 按钮 **G**，弹出 "后置处理" 对话框，选择控制系统文件 "Fanuc"，机床配置文件选择 "数控车床_2x_XZ"，单击 "拾取" 按钮，拾取加工轨迹，然后单击 "后置" 按钮，弹出 "编辑代码" 对话框，如图 5 – 65 所示，系统自动生成切槽粗加工程序。

5.3.3.4　粗车左端外轮廓表面

1. 在 "常用" 选项卡中，单击 "绘图" 面板上的 "直线" 按钮 ✏，在 "立即" 菜单中，选择两点线、连续、正交方式，捕捉左角点，向上绘制 2 mm 直线，向右绘制 34 mm

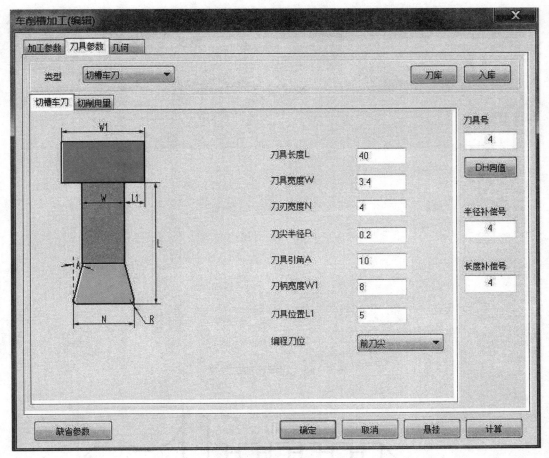

图 5-63 车削切槽加工刀具参数设置

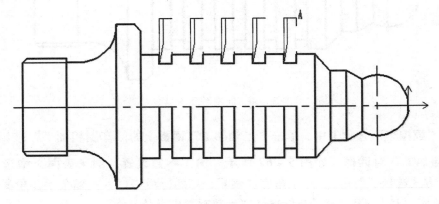

图 5-64 切槽加工轨迹

直线,确定进退刀点 A,使倒角延长线与竖线相交,完成毛坯轮廓线绘制,如图 5-66 所示。

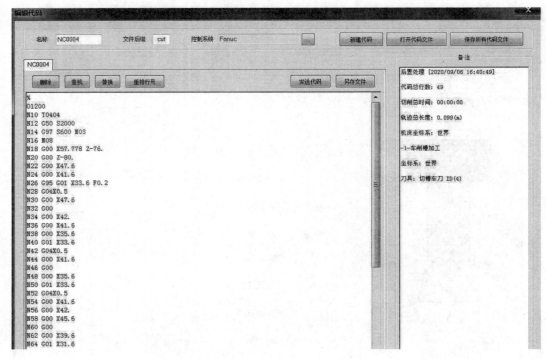

图 5-65　切槽粗加工程序

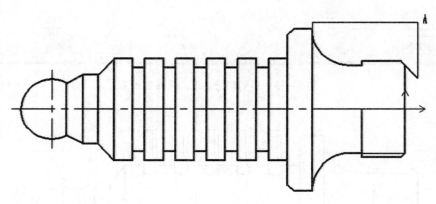

图 5-66　绘制毛坯轮廓线

2. 在"数控车"选项卡中，单击"二轴加工"面板上的"车削粗加工"按钮，弹出"车削粗加工"对话框，如图 5-67 所示。加工参数设置：加工表面类型选择"外轮廓"，加工方式选择"等距"，加工角度"180"，切削行距"1"，主偏角干涉角度"3"，副偏角干涉角度"45"，刀尖半径补偿选择"编程时考虑半径补偿"。

3. 快速进退刀距离设置为 2。每行相对毛坯及加工表面的进刀方式设置为长度 1，夹角"45"。选择"轮廓车刀"，刀尖半径设为"0.5"，主偏角"100"，副偏角"45"，刀具偏置方向为"左偏"，对刀点方式为"刀尖尖点"，刀片类型为"普通刀片"，如图 5-68 所示。

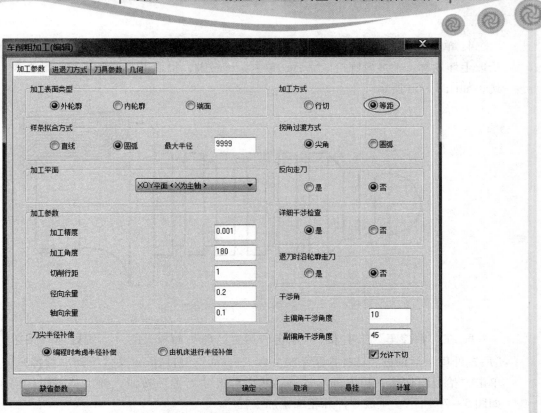

图 5 - 67　"车削粗加工" 对话框

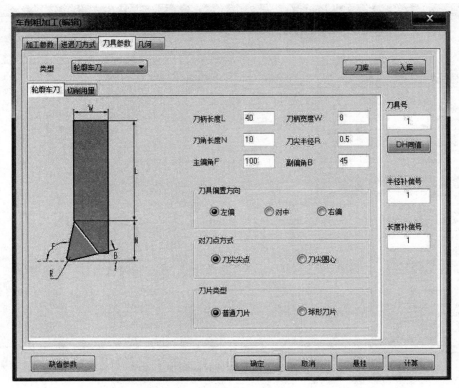

图 5 - 68　刀具参数设置

4. 单击"确定"按钮退出对话框，采用单个拾取方式，拾取被加工轮廓，单击右键，拾取毛坯轮廓。毛坯轮廓拾取完后，单击鼠标右键，拾取进退刀点 A，系统自动生成刀具轨迹，如图 5 – 69 所示。

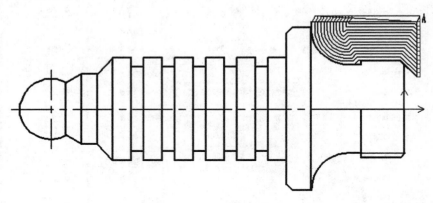

图 5 – 69　外轮廓粗加工轨迹

5. 在"数控车"选项卡中，单击"后置处理"面板上的"后置处理"按钮 **G**，弹出"后置处理"对话框，选择控制系统文件"Fanuc"，机床配置文件选择"数控车床_2x_XZ"，单击"拾取"按钮，拾取加工轨迹，然后单击"后置"按钮，弹出"编辑代码"对话框，如图 5 – 70 所示，生成零件外轮廓粗加工程序。

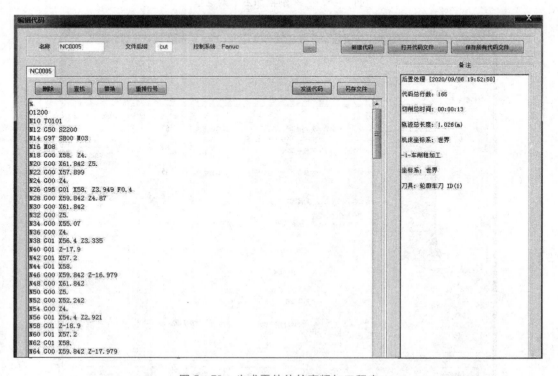

图 5 – 70　生成零件外轮廓粗加工程序

5.3.3.5　外螺纹加工

1. 在"常用"选项卡中，单击"绘图"面板上的"直线"按钮 ，在"立即"菜单中，选择两点线、连续、正交方式，捕捉螺纹线左端点，向左绘制 2 mm 到 B 点，捕捉螺纹线右端点，向右绘制 4 mm 到 A 点，确定进退刀点 A，如图 5 - 71 所示。

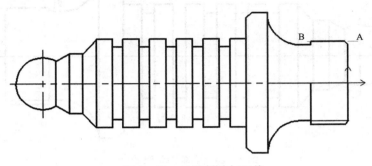

图 5 - 71　绘制螺纹加工线

2. 在"数控车"选项卡中，单击"二轴加工"面板上的"螺纹固定循环"按钮 ，弹出"螺纹固定循环"对话框。设置螺纹参数：选择螺纹类型为"外螺纹"，螺纹固定循环类型为"复合螺纹循环"，拾取螺纹加工起点 A，拾取螺纹加工终点 B，螺纹节距"2.5"，螺纹牙高"1.384"。设置其他加工参数，如图 5 - 72 所示。

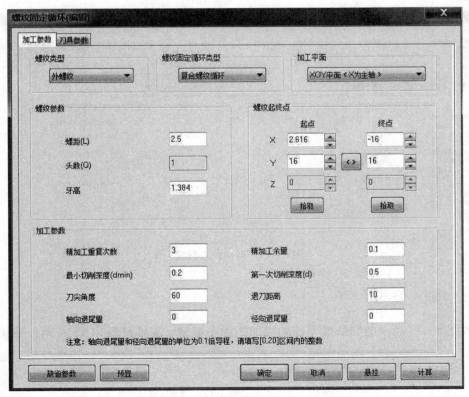

图 5 - 72　"螺纹固定循环"对话框

3. 单击"切削用量"参数页，设置切削用量：进刀量 0.30 mm/rev，选择"恒转速"，主轴转速设为 600 r/min。

4. 单击"确定"按钮退出对话框，系统自动生成螺纹加工轨迹，如图 5 - 73 所示。

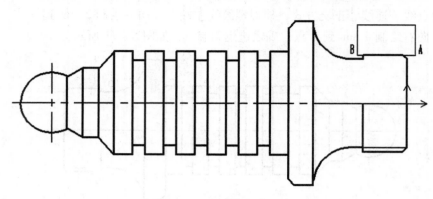

图 5 - 73　螺纹加工轨迹

5. 在"数控车"选项卡中，单击"后置处理"面板上的"后置处理"按钮 **G**，弹出"后置处理"对话框，选择控制系统文件"Fanuc"，机床配置文件选择"数控车床_2x_XZ"，单击"拾取"按钮，拾取加工轨迹，然后单击"后置"按钮，弹出"编辑代码"对话框，系统自动会生成螺纹加工程序，如图 5 - 74 所示。

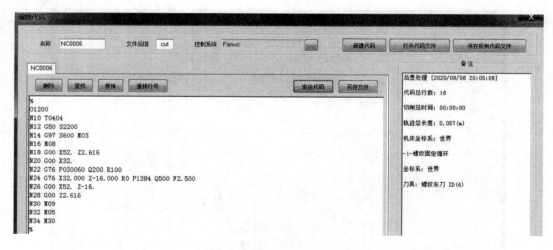

图 5 - 74　螺纹加工程序

5.3.4　课堂练习

完成图 5 - 75 所示的圆弧槽零件的粗加工程序编制。零件材料为 45 号钢，毛坯为 $\phi 55$ 的棒料。

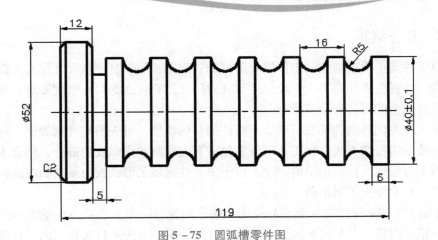

图 5 - 75　圆弧槽零件图

任务 5.4 两件套圆弧组合件 A 车削编程实例

5.4.1　任务描述

　　完成图 5 - 76 所示圆弧组合件工件 A 的内、外轮廓的加工程序编制。已知工件 A 的毛坯尺寸为 $\phi110$ mm $\times90$ mm，材料为 45 号钢。

两件套圆弧组合件
A 车削编程实例

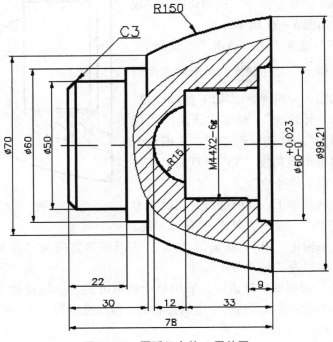

图 5 - 76　圆弧组合件 A 零件图

5.4.2　任务解析

由于该零件是由两个独立的工件组合而成的，因此，加工时注意尺寸配套，以保证工件组合完整性。该零件表面有多个直径尺寸与轴向尺寸，有较高的尺寸精度要求。零件需要掉头加工，注意掉头的对刀和端面找准。

加工 A 工件左侧外圆的部分：结合本零件的结构特征，可先粗车外圆表面，然后加工外轮廓表面，故采用行切方式。加工 A 工件右侧带有内轮廓和内螺纹的部分：结合本零件的特征，可先粗车内轮廓，然后加工内螺纹。由于该零件需加工形状较为复杂的内圆轮廓，故采用行切方式，从而加大了副偏角。

A 工件加工工序：平端面→粗车外轮廓→精车外轮廓→掉头装夹→平端面→钻底孔→粗车内轮廓→精车内轮廓→车内螺纹。由于篇幅有限，所以本任务只选择了内、外轮廓粗加工工序进行介绍。本任务主要通过圆弧组合件 A 的数控编程实例来学习 CAXA 数控车内、外轮廓粗加工编程方法。

5.4.3　任务实施

5.4.3.1　A 工件左侧外轮廓加工

1. 在"常用"选项卡中，单击"绘图"面板中的"直线"按钮 ╱，在"立即"菜单中，选择两点线、连续、正交方式，捕捉左角点，向上绘制 2 mm 直线，向右绘制 82 mm 直线，向下绘制 33.6 mm 直线。用"延伸"命令延长倒角线，完成毛坯轮廓线绘制，如图 5 – 77 所示。

2. 在"数控车"选项卡中，单击"二轴加工"面板中的"车削粗加工"按钮 ▦，弹出"车削粗加工"对话框，如图 5 – 78 所示。加工参数设置：加工表面类型选择"外轮廓"，加工方式选择"行切"，加工角度"180"，切削行距"1"，主偏角干涉角度"3"，副偏角干涉角度"35"，刀尖半径补偿选择"编程时考虑半径补偿"。

3. 每行相对毛坯及加工表面的进刀方式设置为长度"1"，夹角"45"。选择"外圆车刀"，刀尖

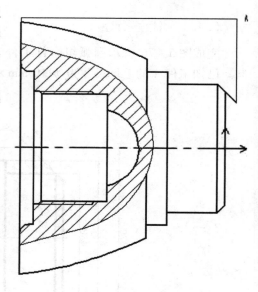

图 5 – 77　绘制毛坯轮廓线

半径设为"0.5"，主偏角"93"，副偏角"35"，刀具偏置方向为"左偏"，对刀点方式为"刀尖尖点"，刀片类型为"普通刀片"。

4. 单击"确定"按钮退出对话框，采用单个拾取方式，拾取被加工轮廓，单击右键，拾取毛坯轮廓。毛坯轮廓拾取完后，单击鼠标右键，拾取进退刀点 A，系统自动生成刀具轨迹，如图 5 – 79 所示。

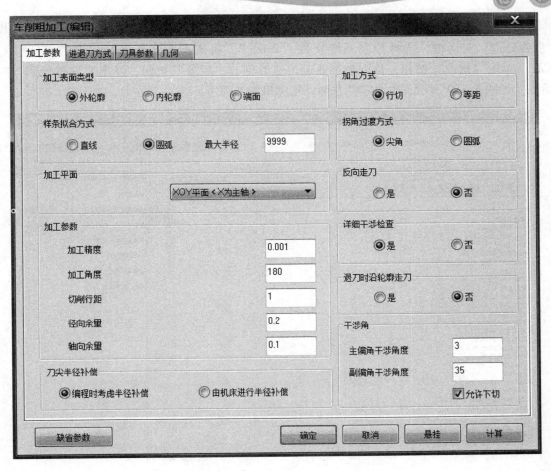

图 5-78 "车削粗加工"对话框

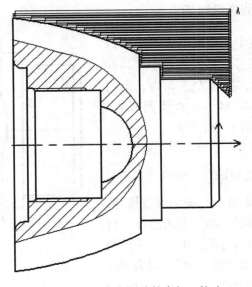

图 5-79 粗车左侧外轮廓加工轨迹

5. 在"数控车"选项卡中，单击"后置处理"面板中的"后置处理"按钮**G**，弹出"后置处理"对话框，选择控制系统文件"Fanuc"，机床配置文件选择"数控车床_2x_XZ"，单击"拾取"按钮，拾取加工轨迹，然后单击"后置"按钮，弹出"编辑代码"对话框，如图 5 - 80 所示，生成零件左侧外轮廓粗加工程序。

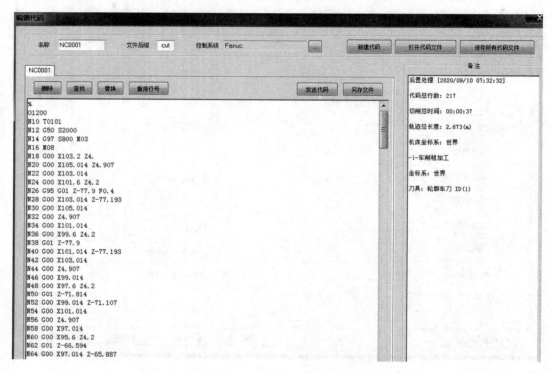

图 5 - 80 零件左侧外轮廓粗加工程序

5. 4. 3. 2 A 工件右侧内轮廓加工

1. 在"常用"选项卡中，单击"绘图"面板中的"直线"按钮，在"立即"菜单中，选择两点线、连续、正交方式，捕捉左上角点，向右绘制 5 mm 直线，向下绘制 34 mm 直线到 A 点，完成毛坯轮廓线绘制，如图 5 - 81 所示。

2. 在"数控车"选项卡中，单击"二轴加工"面板中的"车削粗加工"按钮，弹出"车削粗加工"对话框，如图 5 - 82 所示。加工参数设置：加工表面类型选择"内轮廓"，加工方式选择"行切"，加工角度"180"，切削行距"0.5"，主偏角干涉角度"10"，副偏角干涉角度"45"，刀尖半径补偿选择"编程时考虑半径补偿"。

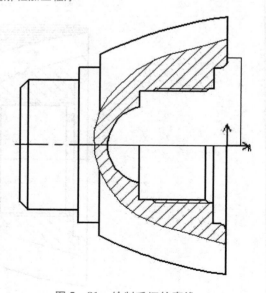

图 5 - 81 绘制毛坯轮廓线

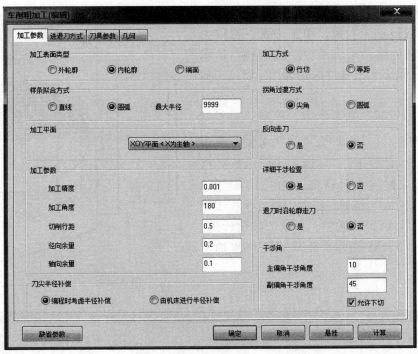

图 5 - 82　"车削粗加工"对话框

3. 选择 35°刀片，刀尖半径设为 1，主偏角 100°，副偏角 45°，刀具偏置方向为左偏，对刀点方式为刀尖尖点，刀片类型为普通刀片，如图 5 - 83 所示。

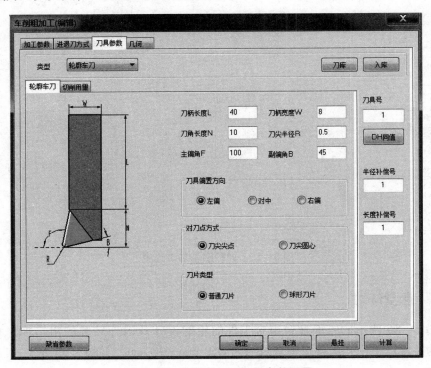

图 5 - 83　车削粗加工刀具参数设置

4. 单击"确定"退出对话框，采用单个拾取方式，拾取被加工轮廓，单击右键，拾取毛坯轮廓，毛坯轮廓拾取完后，单击右键，拾取进退刀点 A，结果生成零件内轮廓加工轨迹，如图 5–84 所示。

5. 在"数控车"选项卡中，单击"后置处理"面板中的"后置处理"按钮 **G**，弹出"后置处理"对话框，选择控制系统文件"Fanuc"，机床配置文件选择"数控车床_2x_XZ"，单击"拾取"按钮，拾取内轮廓粗加工轨迹，然后单击"后置"按钮，弹出"编辑代码"对话框，如图 5–85 所示，生成内轮廓粗加工程序。

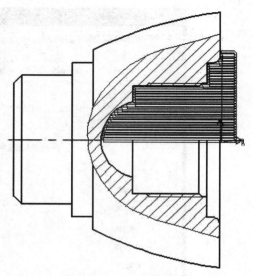

图 5–84　内轮廓粗加工轨迹

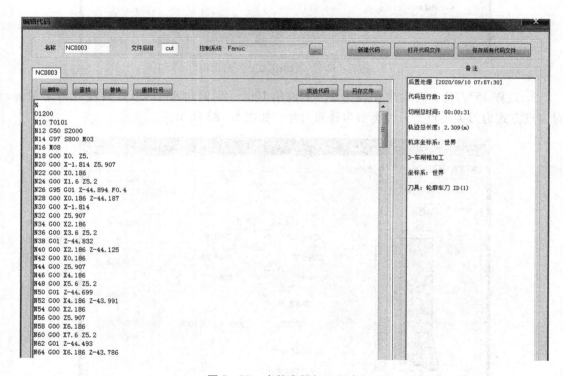

图 5–85　内轮廓粗加工程序

5.4.4　课堂练习

完成图 5–86 所示的锥面配合组合工件的轮廓设计及内外轮廓的粗精加工程序编制。图 5–87 为装配图，已知工件 1 毛坯尺寸为 ϕ50 mm ×98 mm，材料为 45 钢。

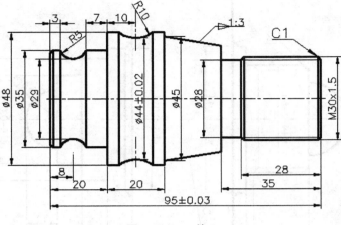

图 5 - 86   工件 1

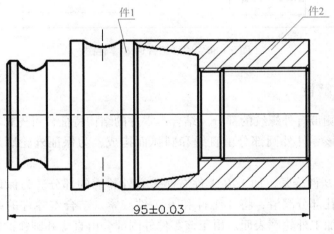

图 5 - 87   装配图

任务 5.5 两件套圆弧组合件 *B* 车削编程实例

两件套圆弧组合件
B 车削编程实例

5.5.1   任务描述

完成图 5 - 88 所示圆弧组合件 *B* 的左、右侧外轮廓的加工程序编制。已知工件 *B* 的毛坯尺寸为 φ110 mm × 135 mm，材料为 45 号钢。

211

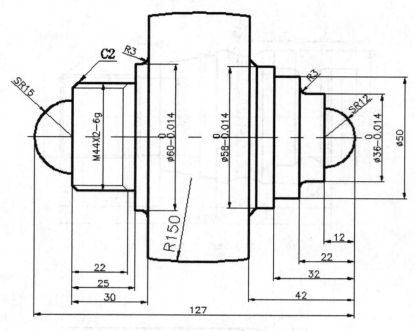

图 5-88　圆弧组合件 B 零件图

5.5.2　任务解析

先加工工件左侧带有外螺纹的部分。结合本零件的结构特征，可先粗车外圆表面，然后车外轮表面。由于该零件外圆部分由直线和圆弧面构成，为保证外轮廓形状，故采用 G73 循环。

然后将 A 件和 B 件旋紧，加工 B 工件右侧带有外轮廓的部分。为保证螺纹的形状，用润滑液将螺纹的内孔部分润滑，将 A 工件和 B 工件旋紧。结合本零件的结构特征，可先粗车外圆表面，然后加工外轮廓表面。由于该零件外圆部分由直线和圆弧面构成，为保证圆弧部分的准确性，故采用 G73 循环（即等距方式）。

B 工件加工工序：粗车外轮廓→精车外轮廓→车外螺纹→将 A 工件和 B 工件旋紧，掉头装夹加工 B 工件右侧外轮廓→粗车外轮廓→精车外轮廓。由于篇幅有限，本任务只选择了外轮廓粗加工工序进行介绍。主要通过圆弧组合件 B 的数控编程实例来学习 CAXA 数控车调头外轮廓粗加工编程方法。

5.5.3　任务实施

5.5.3.1　B 工件左侧外轮廓加工

1. 在"常用"选项卡中，单击"绘图"面板中的"直线"按钮，在"立即"菜单中，选择两点线、连续、正交方式，捕捉左角点，向上绘制 3 mm 直线，向右绘制 96 mm 直线。作 R5 的相切圆弧线，完成毛坯轮廓线绘制，如图 5-89 所示。

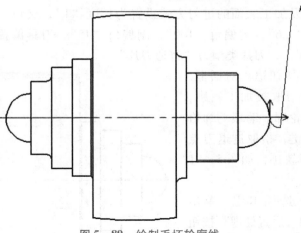

图 5 - 89　绘制毛坯轮廓线

2. 在"数控车"选项卡中，单击"二轴加工"面板中的"车削粗加工"按钮，弹出"车削粗加工"对话框，如图 5 - 90 所示。加工参数设置：加工表面类型选择"外轮廓"，加工方式选择"等距"，加工角度"180"，切削行距"1"，主偏角干涉角度"10"，副偏角干涉角度"45"，刀尖半径补偿选择"编程时考虑半径补偿"。

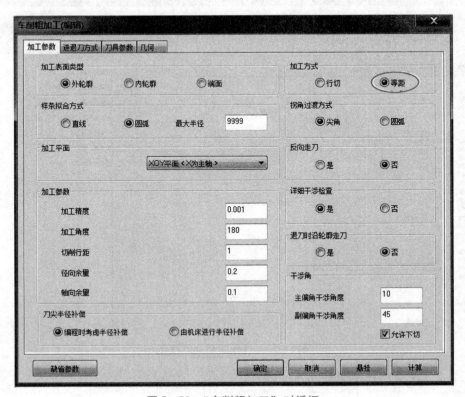

图 5 - 90　"车削粗加工"对话框

3. 每行相对毛坯及加工表面的进刀方式设置为长度"1"，夹角"45"。选择"轮廓车刀"，刀尖半径设为"0.6"，主偏角"100"，副偏角"45"，刀具偏置方向为"左偏"，对刀点方式为"刀尖尖点"，刀片类型为"普通刀片"。

4. 单击"确定"按钮退出对话框，采用单个拾取方式，拾取被加工轮廓，单击右键，拾取毛坯轮廓，毛坯轮廓拾取完后，单击鼠标右键，拾取进退刀点 *A*，系统自动生成刀具轨迹，如图 5 – 91 所示。

5. 在"数控车"选项卡中，单击"后置处理"面板中的"后置处理"按钮 **G**，弹出"后置处理"对话框，选择控制系统文件"Fanuc"，机床配置文件选择"数控车床_2x_XZ"，单击"拾取"按钮，拾取加工轨迹，然后单击"后置"按钮，弹出"编辑代码"对话框，如图 5 – 92 所示，生成零件左侧外轮廓粗加工程序。

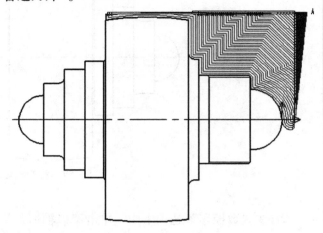

图 5 – 91　粗车左侧外轮廓加工轨迹

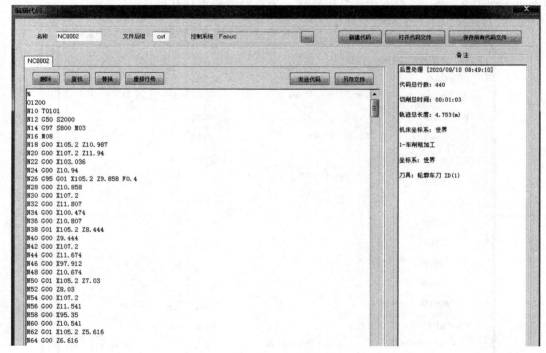

图 5 – 92　外轮廓粗加工程序

5.5.3.2　*B* 工件右侧外轮廓加工

1. 在"常用"选项卡中，单击"绘图"面板中的"直线"按钮，在"立即"菜单中，选择两点线、连续、正交方式，捕捉 *R*150 左角点，向上绘制 4 mm 直线，向右绘制

55 mm 直线。作 R4 的相切圆弧线，完成毛坯轮廓线绘制，如图 5 – 93 所示。

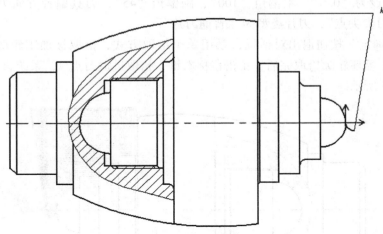

图 5 – 93　绘制毛坯轮廓线

　　2. 在"数控车"选项卡中，单击"二轴加工"面板中的"车削粗加工"按钮 ，弹出"车削粗加工"对话框，如图 5 – 94 所示。加工参数设置：加工表面类型选择"外轮廓"，加工方式选择"等距"，加工角度"180"，切削行距"1"，主偏角干涉角度"10"，副偏角干涉角度"45"，刀尖半径补偿选择"编程时考虑半径补偿"。

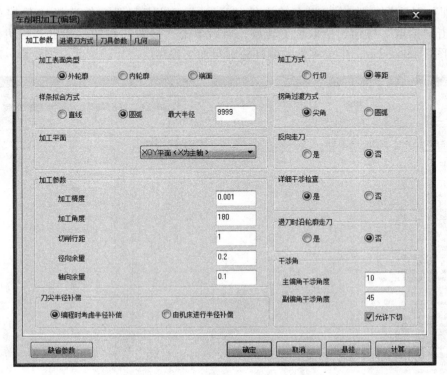

图 5 –94　"车削粗加工"对话框

3. 每行相对毛坯及加工表面的进刀方式设置为长度"1",夹角"45"。选择"轮廓车刀",刀尖半径设为"0.5",主偏角"100",副偏角"45",刀具偏置方向为"左偏",对刀点方式为"刀尖尖点",刀片类型为"普通刀片"。

4. 单击"确定"按钮退出对话框,采用单个拾取方式,拾取被加工轮廓,单击右键,拾取毛坯轮廓。毛坯轮廓拾取完后,单击鼠标右键,拾取进退刀点 A,系统自动生成刀具轨迹,如图 5 – 95 所示。

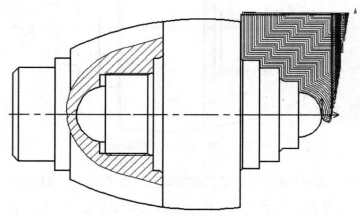

图 5 – 95   粗车左侧外轮廓加工轨迹

5. 在"数控车"选项卡中,单击"后置处理"面板中的"后置处理"按钮 **G**,弹出"后置处理"对话框,选择控制系统文件"Fanuc",机床配置文件选择"数控车床_2x_XZ",单击"拾取"按钮,拾取加工轨迹,然后单击"后置"按钮,弹出"编辑代码"对话框,如图 5 – 96 所示,生成零件左侧外轮廓粗加工程序。

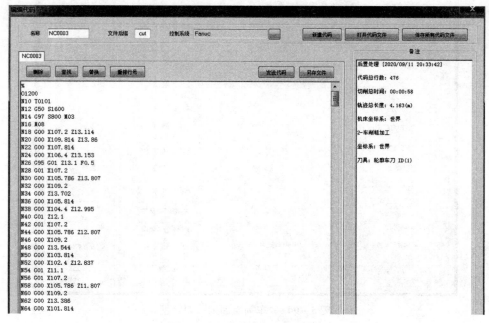

图 5 – 96   外轮廓粗加工程序

5.5.4　课堂练习

完成图 5 – 97 所示的锥面配合组合工件的轮廓设计及内外轮廓的粗精加工程序编制。图 5 – 98 所示为装配图，工件 2 毛坯尺寸为 ϕ50 mm × 60 mm，材料为 45 号钢。

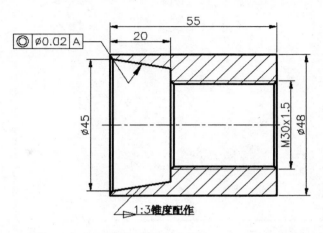

图 5 – 97　工件 2

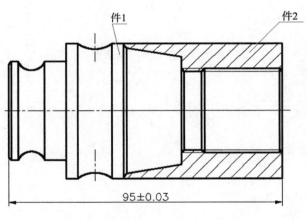

图 5 – 98　装配图

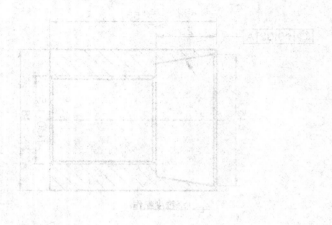

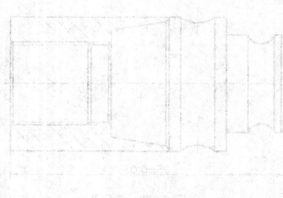

项目 6
CAXA 数控车 2020 在数控大赛中的应用实例

　　CAXA 数控车 2020 是具有自主知识产权的国产数控编程软件。它集 CAD、CAM 于一体，功能强大，工艺性好，代码质量高，以其强大的造型功能和加工功能备受广大用户的赞誉，在全国数控技能大赛中被指定为大赛专用软件之一。本项目实例来源于全国数控车技能大赛样题，主要学习利用 CAXA 数控车软件编写球盖零件和梯形螺纹轴零件的车削数控加工程序。

任务 **6.1** 球盖零件加工应用实例

6.1.1 任务描述

球盖零件加工应用实例

完成图 6 – 1 所示球盖零件（件 1）的粗精加工程序编制。图 6 – 2 所示为球盖零件的剖视图，图 6 – 3 所示为件 1 和件 2 装配图。材料为 45 号钢，毛坯为 $\phi100$ mm 的棒料。

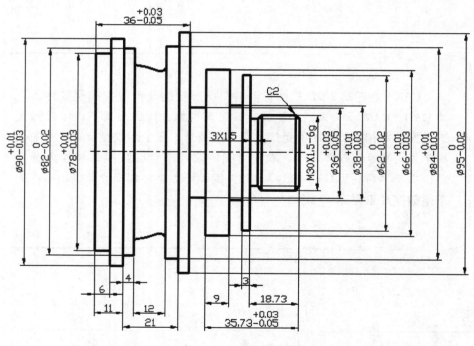

图 6 – 1 球盖零件图

6.1.2 任务解析

该零件表面由圆柱面、圆弧槽、内圆弧面、端面槽及内外螺纹等表面组成。加工顺序按由粗到精、由近到远（由右到左）的原则确定。先加工球盖零件（件 1）右端，再调头夹持 $\phi67$ 外圆调头完成球盖零件（件 1）左端加工。本任务主要通过球盖零件的数控编程实例来学习 CAXA 数控车内外轮廓粗加工、外轮廓精加工、切槽加工、端面槽加工、螺纹加工及外螺纹倒角加工编程方法，学会加工轮廓的绘制方法，优化刀路轨迹，提高表面加工质量。

220

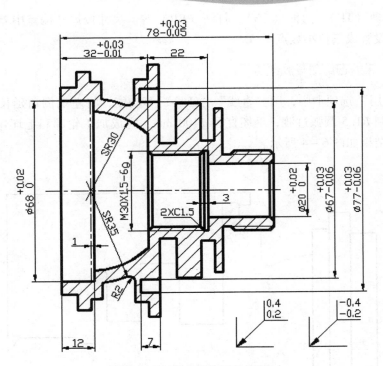

图 6 - 2　球盖零件图剖视图

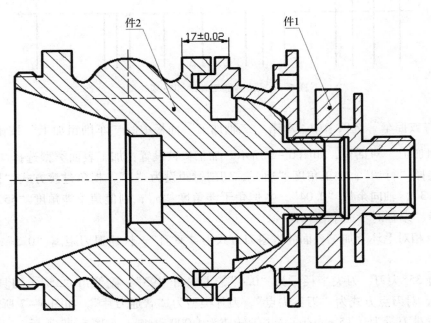

图 6 - 3　件 1 和件 2 装配图

6.1.3　任务实施

绘制零件内、外轮廓时，尽量使用快捷键命令方式，提高绘图速度，如平行线（LL）、删除（E）、裁剪（TR）、过渡（CN）、打断（BR）等。尺寸按尺寸偏差中差计算，尺寸标注单位小数点设置成三位小数点。

6.1.3.1　球盖右端外轮廓粗加工

1. 在"常用"选项卡中，用"直线""延长"等功能，将左端倒角延长，并绘制加工轮廓，右端绘制 $R1.5$ 圆弧过渡，毛坯直径 $\phi100$ mm，完成加工轮廓和毛坯轮廓绘制，A 点为进退刀点，结果如图 6-4 所示。

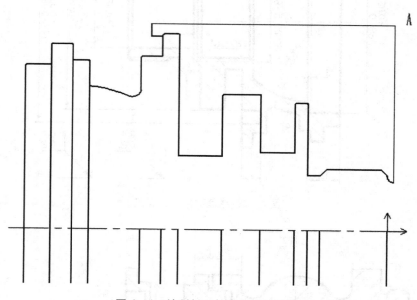

图 6-4　绘制加工轮廓和毛坯轮廓

2. 在"数控车"选项卡中，单击"二轴加工"面板中的"车削粗加工"按钮，弹出"车削粗加工"对话框，如图 6-5 所示。加工参数设置：加工表面类型选择"外轮廓"，加工方式选择"行切"，加工角度"180"，切削行距设为"1"，拐角过渡方式"圆弧"，径向余量"0.3"，轴向余量"0.04"，主偏角干涉角度"3"，副偏角干涉角度"55"，刀尖半径补偿选择"编程时考虑半径补偿"。

3. 每行相对毛坯及加工表面的进退刀方式为"垂直"，快速退刀距离"0.5"，如图 6-6 所示。

4. 选择 35°尖刀，刀尖半径设为"0.4"，主偏角"93"，副偏角"55"，刀具偏置方向为"左偏"，对刀点方式为"刀尖尖点"，刀片类型为"普通刀片"，如图 6-7 所示。

5. 设置进刀量为 0.15 mm/rev，主轴转速为 1 000 r/min，如图 6-8 所示。

6. 单击"确定"按钮退出对话框，采用限制链拾取方式，拾取被加工轮廓，单击右键，拾取毛坯轮廓。毛坯轮廓拾取完后，单击鼠标右键，拾取进退刀点 A，系统自动会生成刀具轨迹，如图 6-9 所示。

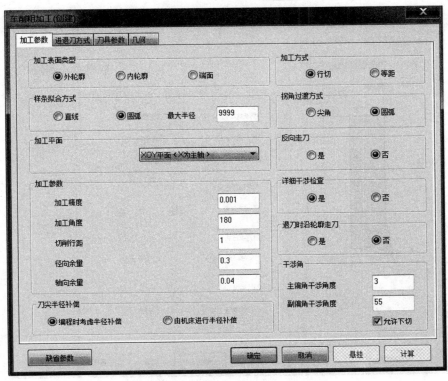

图 6 - 5　右端外轮廓粗车加工参数设置

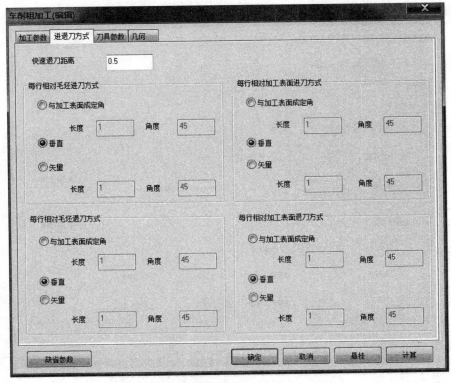

图 6 - 6　设置进退刀方式

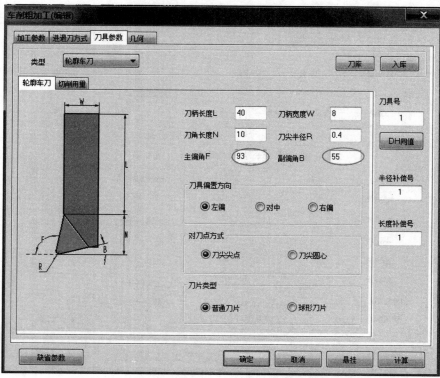

图 6-7 粗车右端外轮廓刀具参数设置

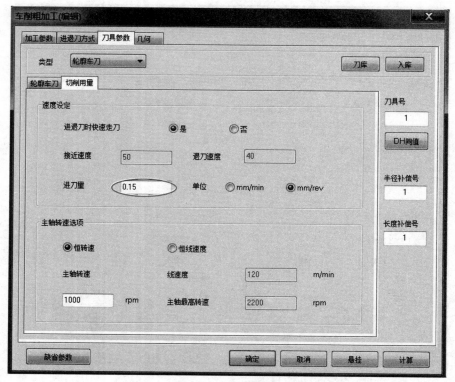

图 6-8 粗车右端外轮廓切削用量设置

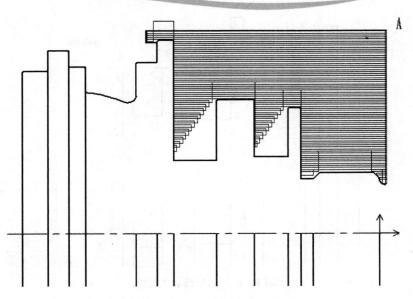

图 6 – 9　粗车右端外轮廓加工轨迹

7. 在"数控车"选项卡中，单击"后置处理"面板中的"后置处理"按钮 **G**，弹出"后置处理"对话框，选择控制系统文件"Fanuc"，机床配置文件选择"数控车床_2x_XZ"，单击"拾取"按钮，拾取加工轨迹，然后单击"后置"按钮，弹出"编辑代码"对话框，如图 6 – 10 所示，生成零件外轮廓粗加工程序。

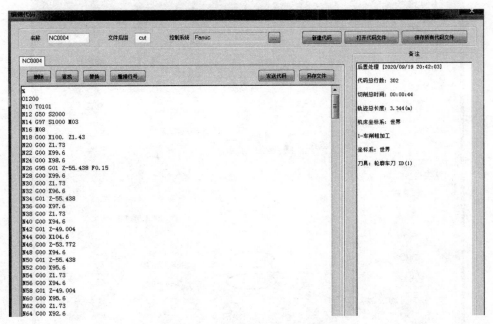

图 6 – 10　粗车右端外轮廓加工程序

6.1.3.2　球盖右端外轮廓精加工

1. 对原轮廓线做些处理，并断开和精加工轮廓线相接触的部分，如图 6 – 11 所示。

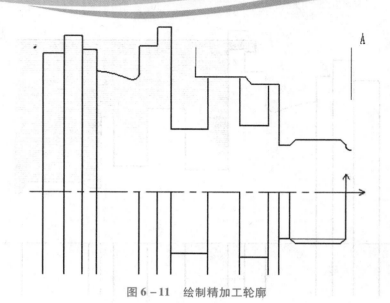

图 6 – 11　绘制精加工轮廓

2. 在"数控车"选项卡中,单击"二轴加工"面板中的"车削精加工"按钮，弹
出"车削精加工"对话框,如图 6 – 12 所示。加工参数设置:加工表面类型选择"外轮
廓",反向走刀设为"否",切削行距设为"0.1",主偏角干涉角度设为"0",副偏角干涉角
度设为"55",刀尖半径补偿选择"编程时考虑半径补偿"。径向余量和轴向余量都设为"0"。

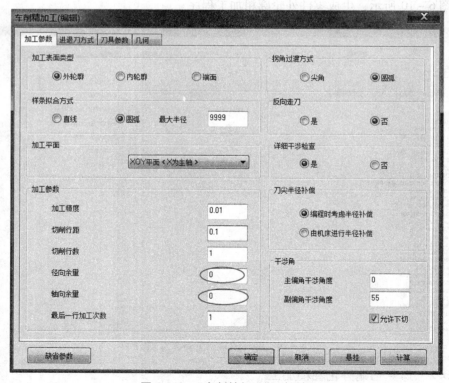

图 6 – 12　"车削精加工"对话框

3. 选择 35°车刀，刀尖半径设为"0.2"，主偏角"90"，副偏角"55"，刀具偏置方向为"左偏"，对刀点方式为"刀尖尖点"，刀片类型为"普通刀片"，如图 6-13 所示。

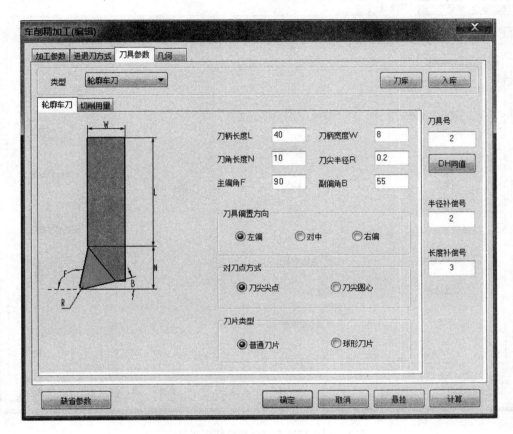

图 6-13　刀具参数设置

4. 设置进刀量为 0.1 mm/rev，主轴转速为 1 800 r/min，如图 6-14 所示。

5. 单击"确定"按钮退出对话框，采用单个拾取方式，拾取被加工轮廓，单击右键，拾取进退刀点 A，生成球盖零件右端外轮廓精加工轨迹，如图 6-15 所示。

6. 在"数控车"选项卡中，单击"后置处理"面板中的"后置处理"按钮 **G**，弹出"后置处理"对话框，选择控制系统文件"Fanuc"，机床配置文件选择"数控车床_2x_XZ"，单击"拾取"按钮，拾取加工轨迹，然后单击"后置"按钮，弹出"编辑代码"对话框，如图 6-16 所示，生成球盖零件右端外轮廓精加工程序，在此也可以编辑修改加工程序。

6.1.3.3　球盖右端外轮廓切槽粗加工

1. 对前面粗加工轮廓做适当修改，绘制 R0.6 的圆弧过渡，延长和优化槽轮廓线，保证切槽加工质量，确定进退刀点 A，如图 6-17 所示。

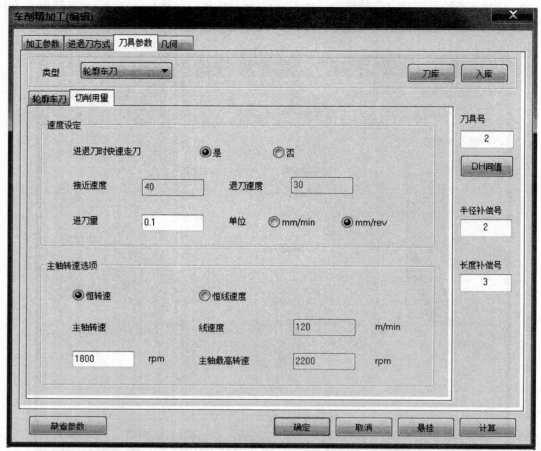

图 6-14　精车右端外轮廓切削用量设置

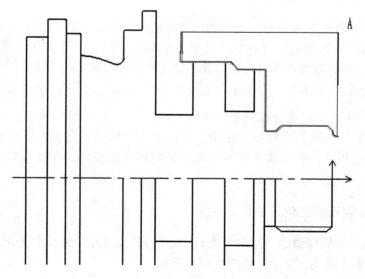

图 6-15　球盖零件右端外轮廓精加工轨迹

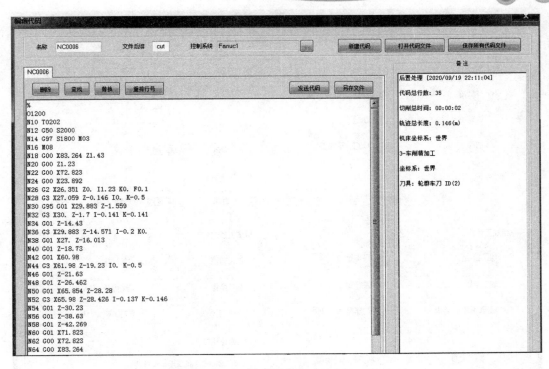

图 6 - 16　生成球盖零件右端外廓粗加工程序

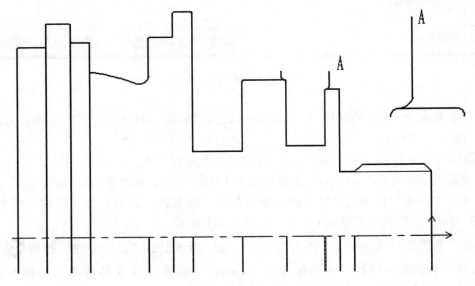

图 6 - 17　绘制切槽加工轮廓

2. 在"数控车"选项卡中，单击"二轴加工"面板上的"车削槽加工"按钮，弹出"车削槽加工"对话框，如图 6 - 18 所示。加工参数设置：切槽表面类型选择"外轮廓"，加工方向选择"纵深"，加工工艺类型为"粗加工"，加工余量"0.2"，切深行距设为"1"，退刀距离"0.5"，刀尖半径补偿选择"编程时考虑半径补偿"。

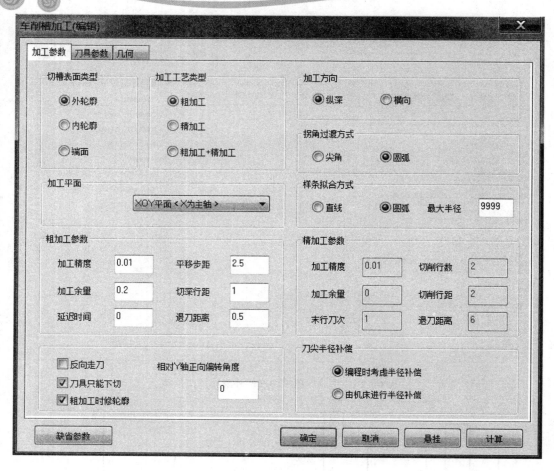

图 6-18　加工参数设置

3. 选择宽度为 3 mm 的切槽刀，刀尖半径设为 "0.2"，刀具位置 "5"，编程刀位 "前刀尖"，如图 6-19 所示。

当切槽刀宽≤槽宽、刀宽＝槽宽时，应将加工余量设为零。

4. 设置进刀量为 0.1 mm/rev，主轴转速为 1 000 r/min，如图 6-20 所示。

5. 单击 "确定" 按钮退出对话框，采用单个拾取方式，拾取被加工轮廓。单击右键，拾取进退刀点 A，生成切槽粗加工轨迹，如图 6-21 所示。

6. 在 "数控车" 选项卡中，单击 "后置处理" 面板上的 "后置处理" 按钮 **G**，弹出 "后置处理" 对话框，选择控制系统文件 "Fanuc"，机床配置文件选择 "数控车床_2x_XZ"，单击 "拾取" 按钮，拾取加工轨迹，然后单击 "后置" 按钮，弹出 "编辑代码" 对话框，如图 6-22 所示，系统自动生成切槽粗加工程序。

6.1.3.4　球盖右端外轮廓切槽精加工

1. 延长和优化槽轮廓线，保证切槽加工质量，确定进退刀点 A。为了防止沿轮廓表面退刀，槽底部进行 R0.5 的圆弧过渡，如图 6-23 所示。

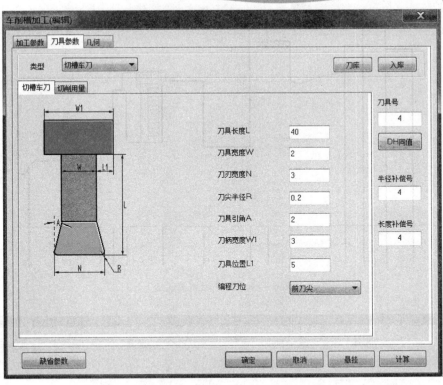

图 6－19　刀具参数设置

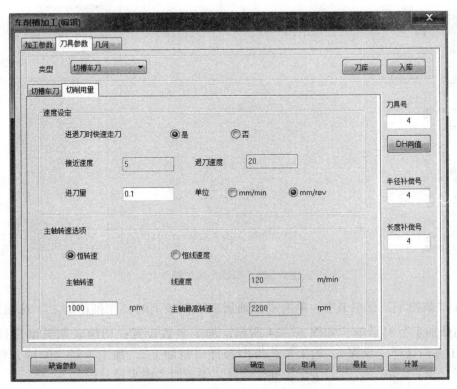

图 6－20　切削用量参数设置

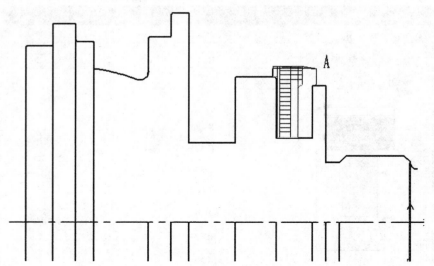

图 6 – 21 切槽粗加工轨迹

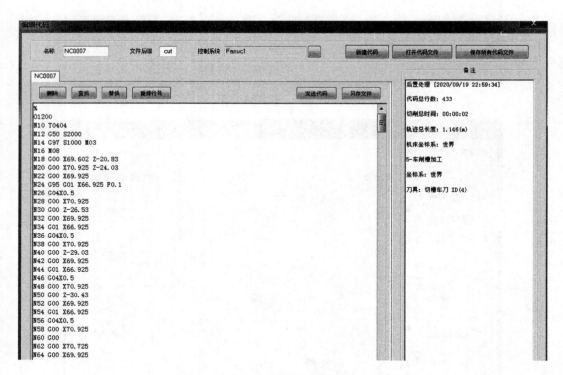

图 6 – 22 切槽粗加工程序

2. 在"数控车"选项卡中，单击"二轴加工"面板上的"车削槽加工"按钮 ，弹出"车削槽加工"对话框，如图 6 – 24 所示。加工参数设置：切槽表面类型选择"外轮廓"，加工方向选择"纵深"，加工工艺类型选择"精加工"，加工余量"0.1"，切削行距设为"1"，退刀距离"4"，刀尖半径补偿选择"编程时考虑半径补偿"。

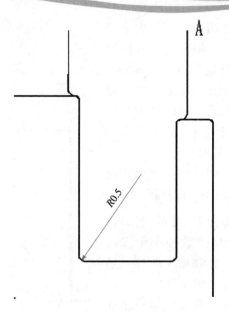

图 6 – 23　绘制 *R*0. 5 圆弧

图 6 – 24　加工参数设置

3. 选择宽度为 3 mm 的切槽刀，刀尖半径设为"0.2"，刀具位置"5"，编程刀位"前刀尖"。切削用量设置：进刀量为 0.1 mm/rev，主轴转速为 1 000 r/min。单击"确定"按钮退出对话框，采用单个拾取方式，拾取被加工轮廓，单击右键，拾取进退刀点 A，结果生成切槽精加工轨迹，如图 6 - 25 所示。

4. 在"数控车"选项卡中，单击"后置处理"面板上的"后置处理"按钮 **G**，弹出"后置处理"对话框，选择控制系统文件"Fanuc"，机床配置文件选择"数控车床_2x_XZ"，单击"拾取"按钮，拾取加工轨迹，然后单击"后置"按钮，弹出"编辑代码"对话框，如图 6 - 26 所示，系统自动生成切槽精加工程序。

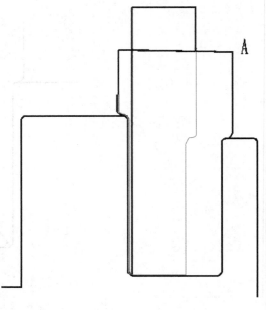

图 6 - 25　切槽精加工轨迹

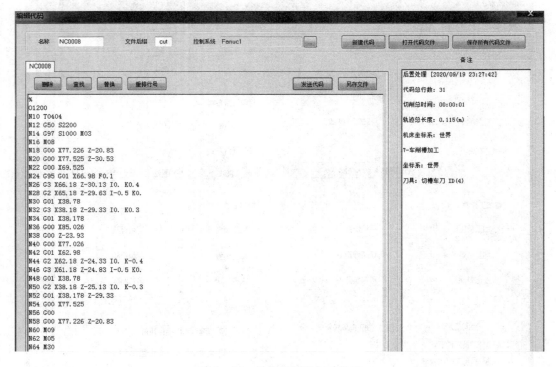

图 6 - 26　生成切槽精加工程序

6.1.3.5　球盖右端外螺纹加工

1. 在"常用"选项卡中，单击"绘图"面板上的"直线"按钮 ╱，在"立即"菜单中，选择两点线、连续、正交方式，捕捉螺纹线左端点，向左绘制 2 mm 到 *B* 点，捕捉螺纹线右端点，向右绘制 3 mm 到 *A* 点，确定进退刀点 *A*，如图 6 – 27 所示。

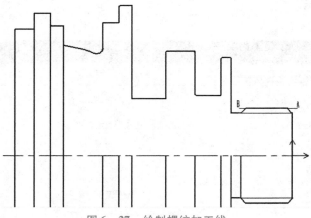

图 6 – 27　绘制螺纹加工线

2. 在"数控车"选项卡中，单击"二轴加工"面板上的"车螺纹加工"按钮，弹出"车螺纹加工"对话框，如图 6 – 28 所示。设置螺纹参数：选择螺纹类型为"外螺纹"，拾取螺纹加工起点 *A*，拾取螺纹加工终点 *B*，拾取螺纹加工进退刀点 *A*，螺纹节距"1.5"，螺纹牙高"0.83"，螺纹头数"1"。

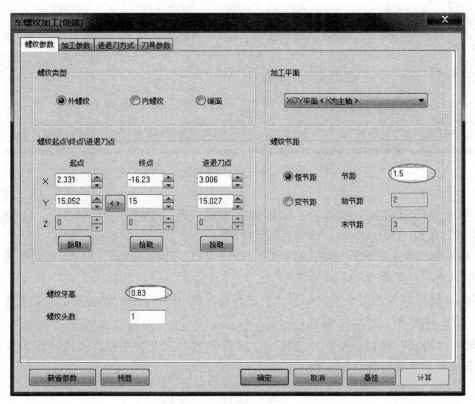

图 6 – 28　"外螺纹加工"对话框

235

3. 设置螺纹加工参数：选择"粗加工"，粗加工深度"0.83"，每行切削用量选择"恒定切削面积"，第一刀行距"0.1"，最小行距"0.06"，每行切入方式选择"沿牙槽中心线"，如图 6 – 29 所示。

图 6 – 29　加工参数设置

4. 单击"切削用量"参数页，设置切削用量：进刀量为 0.20 mm/rev，选择"恒转速"，主轴转速设为 650 r/min，如图 6 – 30 所示。

5. 其他参数设置完成后，单击"确定"按钮退出"车螺纹加工"对话框，系统自动生成螺纹加工轨迹，如图 6 – 31 所示。

6. 在"数控车"选项卡中，单击"后置处理"面板上的"后置处理"按钮 **G**，弹出"后置处理"对话框，选择控制系统文件"Fanuc"，机床配置文件选择"数控车床_2x_XZ"，单击"拾取"按钮，拾取加工轨迹，然后单击"后置"按钮，弹出"编辑代码"对话框，系统自动生成外螺纹加工程序。如图 6 – 32 所示。

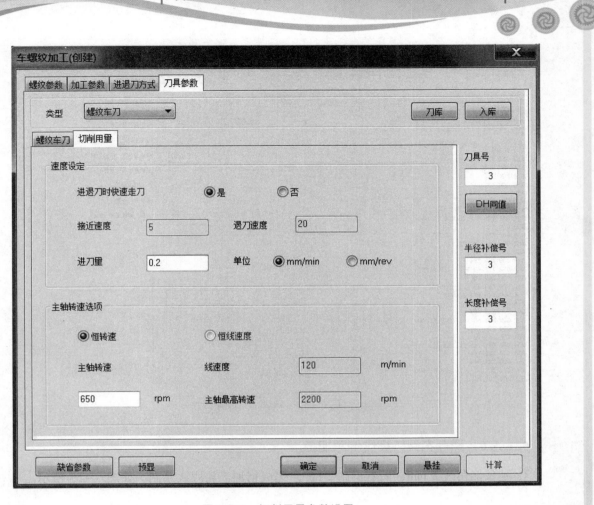

图 6 - 30　切削用量参数设置

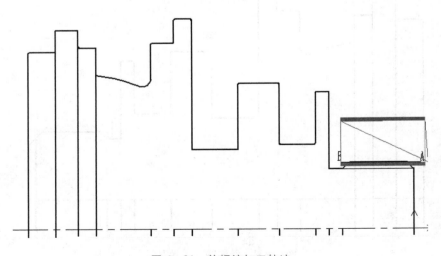

图 6 - 31　外螺纹加工轨迹

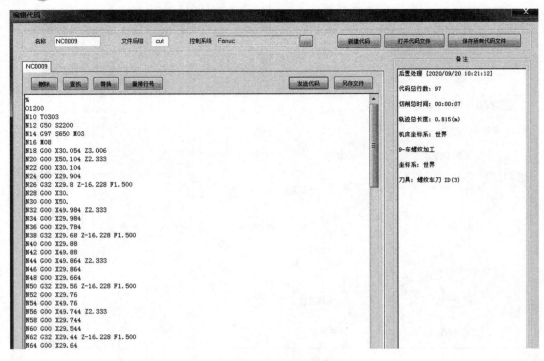

图 6-32　螺纹加工程序

6.1.3.6　球盖右端外螺纹倒角加工

1. 延长倒角线 2 mm，向右绘制 2 mm。完成精加工轮廓线绘制，如图 6-33 所示。

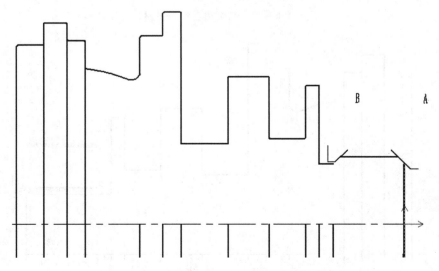

图 6-33　绘制精加工轮廓线

2. 在"数控车"选项卡中，单击"二轴加工"面板中的"车削精加工"按钮，弹出"车削精加工"对话框，如图 6 – 34 所示。加工参数设置：加工表面类型选择"外轮廓"，反向走刀设为"是"，切削行距设为"0.1"，主偏角干涉角度设为"0"，副偏角干涉角度设为"55"，刀尖半径补偿选择"编程时考虑半径补偿"。径向余量和轴向余量都设为"0"。

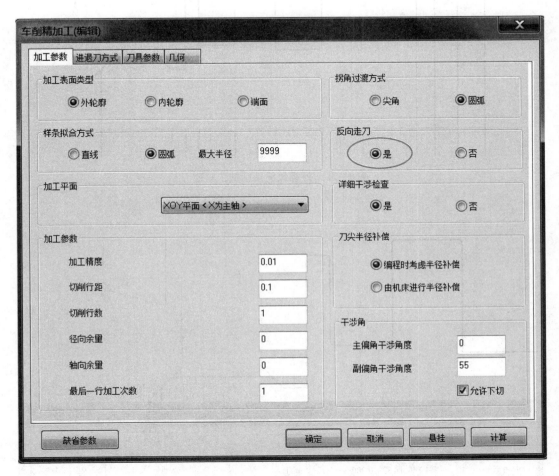

图 6 – 34 "车削精加工"对话框

3. 选择 35°车刀，刀尖半径设为"0.2"，主偏角"93"，副偏角"55"，刀具偏置方向为"左偏"，对刀点方式为"刀尖尖点"，刀片类型为"普通刀片"。设置进刀量 0.1 mm/rev，主轴转速 1 800 r/min。

4. 单击"确定"按钮退出对话框，采用单个拾取方式，拾取被加工轮廓，单击右键，拾取进退刀点 A，生成球盖零件右端外螺纹倒角精加工轨迹。同理，完成左边外螺纹倒角精加工轨迹，加工表面类型选择"外轮廓"，反向走刀设为"否"，如图 6 – 35 所示。

5. 在"数控车"选项卡中，单击"仿真"面板中的"线框仿真"按钮，弹出"线框仿真"对话框，如图 6 – 36 所示，单击"拾取"按钮，拾取外螺纹倒角精加工轨迹，单击右键结束加工轨迹拾取，单击"前进"按钮，开始仿真加工过程。

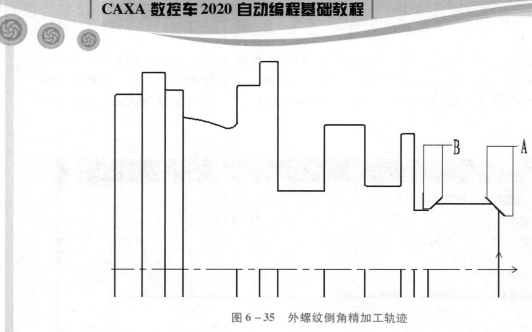

图 6 – 35　外螺纹倒角精加工轨迹

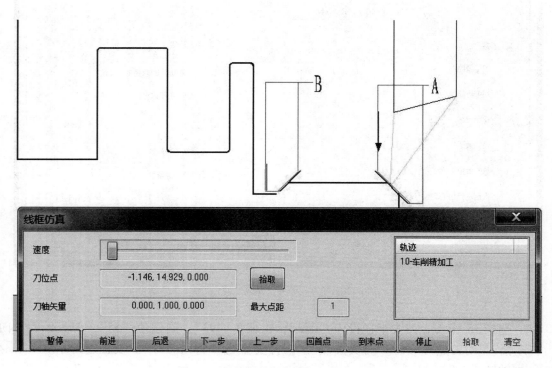

图 6 – 36　外螺纹倒角精加工轨迹仿真

6. 在"数控车"选项卡中，单击"后置处理"面板中的"后置处理"按钮 **G**，弹出"后置处理"对话框，选择控制系统文件"Fanuc"，机床配置文件选择"数控车床_2x_XZ"，单击"拾取"按钮，拾取加工轨迹，然后单击"后置"按钮，弹出"编辑代码"对话框，如图 6 – 37 所示，生成球盖零件右端外螺纹倒角精加工程序，在此也可以编辑修改加工程序。

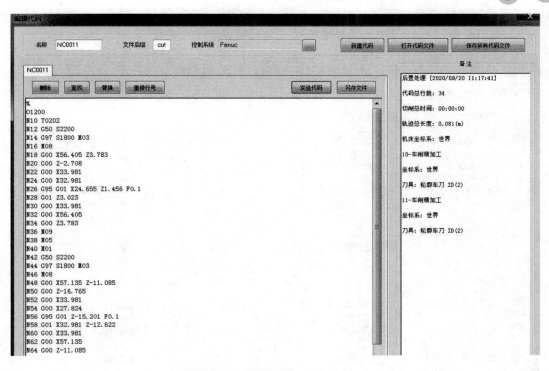

图 6 – 37　外螺纹倒角精加工程序

6.1.3.7　球盖右端端面槽加工

1. 利用 "直线" 和 "延伸" 命令, 绘制如图 6 – 38 所示的切槽加工轮廓线。

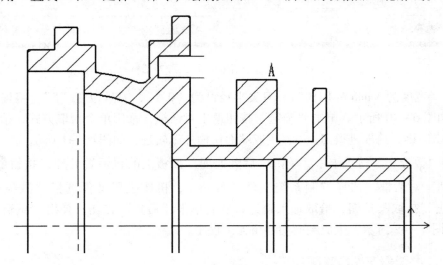

图 6 – 38　绘制切槽加工轮廓线

　　2. 在 "数控车" 选项卡中, 单击 "二轴加工" 面板上的 "车削槽加工" 按钮, 弹出 "车削槽加工" 对话框, 如图 6 – 39 所示。加工参数设置: 切槽表面类型选择 "端面",

加工工艺类型选择"粗加工"，加工方向选择"纵深"，加工余量"0.2"，切深行距设为
"0.4"，退刀距离"4"，刀尖半径补偿选择"编程时考虑半径补偿"。

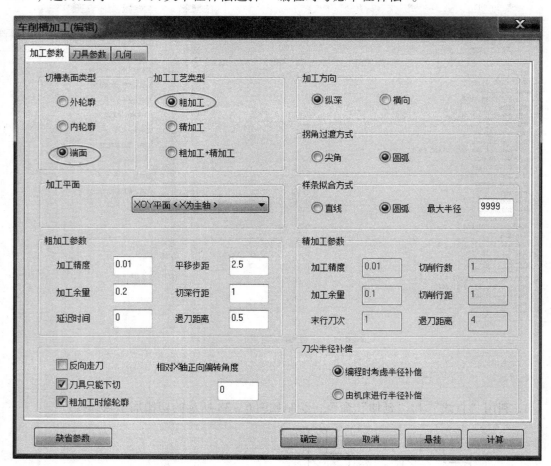

图 6 – 39 "车削槽粗加工"对话框

3. 选择宽度为 3 mm 的切槽刀，刀尖半径设为"0.1"，刀具位置"5"，编程刀位"前
刀尖"，如图 6 – 40 所示。单击"确定"按钮退出对话框，采用单个拾取方式，拾取被加工
轮廓，单击右键，拾取进退刀点 A，生成端面切槽加工轨迹，如图 6 – 41 所示。

4. 在"数控车"选项卡中，单击"后置处理"面板上的"后置处理"按钮 **G**，弹出
"后置处理"对话框，选择控制系统文件"Fanuc"，机床配置文件选择"数控车床_2x_
XZ"，单击"拾取"按钮，拾取加工轨迹，然后单击"后置"按钮，弹出"编辑代码"对
话框，如图 6 – 42 所示，生成端面切槽粗加工程序。

6.1.3.8 球盖左端内轮廓加工

1. 在"常用"选项卡中，用"直线"和"延长"等功能将左端延长，并绘制加工轮
廓，右端绘制 R0.5 圆弧过渡，完成加工轮廓和毛坯轮廓绘制，A 点为进退刀点，结果如图
6 – 43 所示。

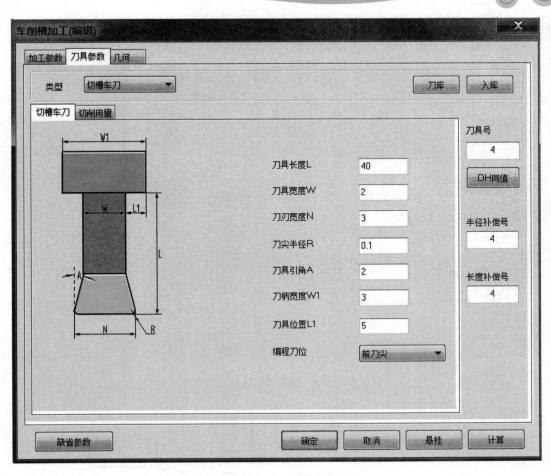

图 6 – 40　刀具参数设置

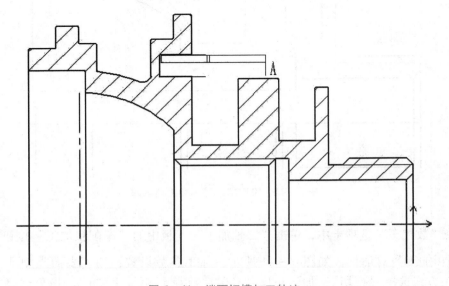

图 6 – 41　端面切槽加工轨迹

图 6 – 42   端面切槽粗加工程序

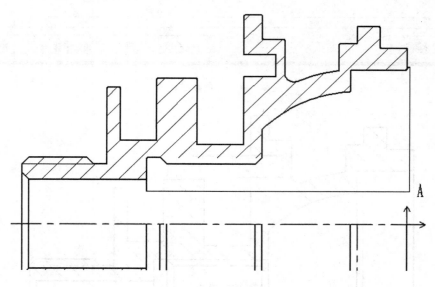

图 6 – 43   绘制加工轮廓和毛坯轮廓

2. 在"数控车"选项卡中，单击"二轴加工"面板中的"车削粗加工"按钮，弹出"车削粗加工"对话框，如图 6 – 44 所示。加工参数设置：加工表面类型选择"内轮廓"，加工方式选择"行切"，加工角度"180"，切削行距设为"1"，拐角过渡方式选择

"圆弧"，径向余量"0.3"，轴向余量"0.04"，主偏角干涉角度"3"，副偏角干涉角度设为"55"，刀尖半径补偿选择"编程时考虑半径补偿"。

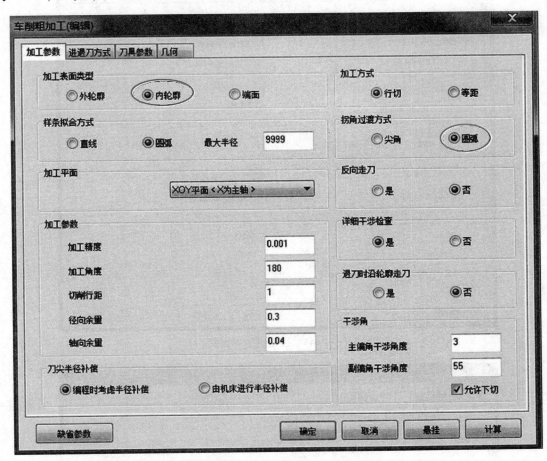

图 6-44　左端内轮廓粗车加工参数设置

3. 每行相对毛坯及加工表面的进退刀方式为"垂直"，快速退刀距离"0.5"，如图 6-45 所示。

4. 选择 35°尖刀，刀尖半径设为"0.4"，主偏角"93"，副偏角"55"，刀具偏置方向为"左偏"，对刀点方式为"刀尖尖点"，刀片类型为"普通刀片"，如图 6-46 所示。

5. 设置进刀量为 0.1 mm/rev，主轴转速为 1 000 r/min。

6. 单击"确定"按钮退出对话框，采用限制链拾取方式，拾取被加工轮廓，单击右键，拾取毛坯轮廓。毛坯轮廓拾取完后，单击鼠标右键，拾取进退刀点 A，系统自动生成内轮廓刀具轨迹，如图 6-47 所示。

7. 在"数控车"选项卡中，单击"后置处理"面板中的"后置处理"按钮 **G**，弹出"后置处理"对话框，选择控制系统文件"Fanuc"，机床配置文件选择"数控车床_2x_XZ"，单击"拾取"按钮，拾取加工轨迹，然后单击"后置"按钮，弹出"编辑代码"对话框，如图 6-48 所示，生成零件内轮廓粗加工程序。

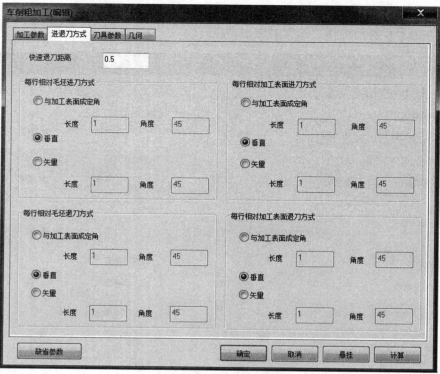

图 6-45　设置进退刀方式

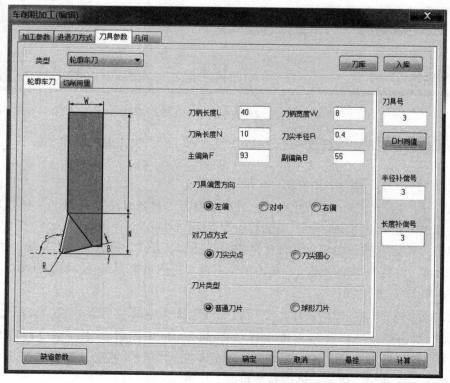

图 6-46　粗车左端内轮廓刀具参数设置

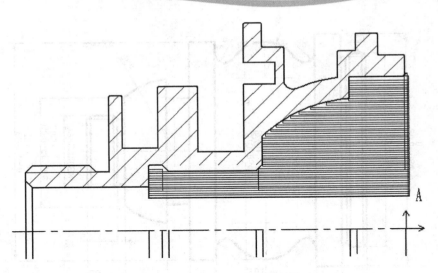

图 6 – 47　粗车左端内轮廓加工轨迹

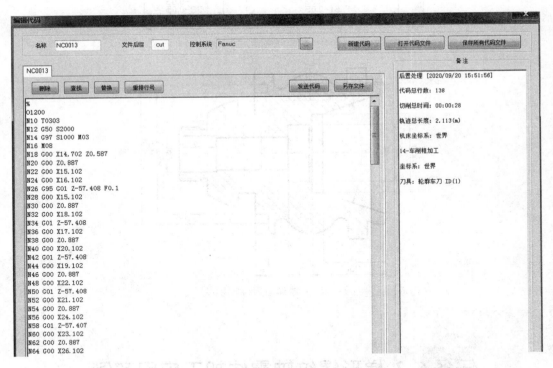

图 6 – 48　零件内轮廓粗加工程序

6.1.4　课堂练习

完成图 6 – 49 所示的本体座零件的粗精加工程序编制。图 6 – 50 所示为本体座零件的剖视图。零件材料为 45 号钢，毛坯为 $\phi100$ mm 的棒料。

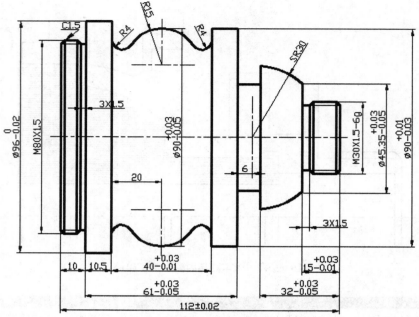

图 6-49　本体座零件图

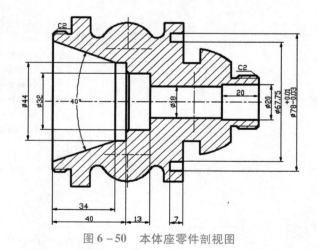

图 6-50　本体座零件剖视图

任务 6.2　梯形螺纹轴零件加工应用实例

6.2.1　任务描述

完成图 6-51 所示梯形螺纹轴零件的粗加工程序编制。材料为 45 号钢，毛坯为 φ60 mm 的棒料。

梯形螺纹轴零件
加工应用实例

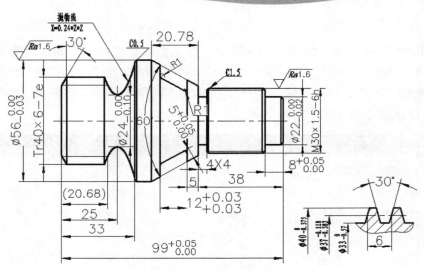

图 6 - 51　梯形螺纹轴零件图

6.2.2　任务解析

该零件表面由圆柱面、斜面槽、抛物线面、圆柱面槽及梯形外螺纹等表面组成。加工顺序按由粗到精、由近到远（由右到左）的原则确定。先加工梯形螺纹轴零件右端，再调头夹持 $\phi30$ 外圆完成梯形螺纹轴零件左端加工。本任务主要通过梯形螺纹轴零件的数控编程实例来学习 CAXA 数控车阶梯轴外轮廓粗加工、抛物线面粗加工、外圆锥面斜槽加工和梯形螺纹加工编程方法，学会加工轮廓绘制方法，优化刀路轨迹，提高表面加工质量。

6.2.3　任务实施

6.2.3.1　梯形螺纹轴右端外轮廓粗加工

1. 在"常用"选项卡中，用"直线"和"延长"等功能将左端倒角延长，并绘制加工轮廓，右端倒角延长，毛坯直径 $\phi60$ mm，完成加工轮廓和毛坯轮廓绘制，A 点为进退刀点，结果如图 6 - 52 所示。

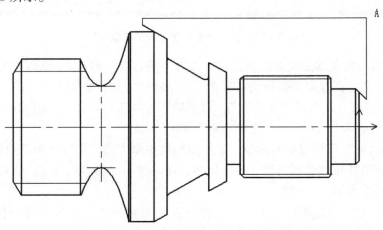

图 6 - 52　绘制加工轮廓和毛坯轮廓

2. 在"数控车"选项卡中，单击"二轴加工"面板中的"车削粗加工"按钮，弹出"车削粗加工"对话框，如图 6 - 53 所示。加工参数设置：加工表面类型选择"外轮廓"，加工方式选择"行切"，加工角度"180"，切削行距设为"1"，拐角过渡方式为"尖角"，径向余量"0.3"，轴向余量"0.04"，主偏角干涉角度"3"，副偏角干涉角度"55"，刀尖半径补偿选择"编程时考虑半径补偿"。

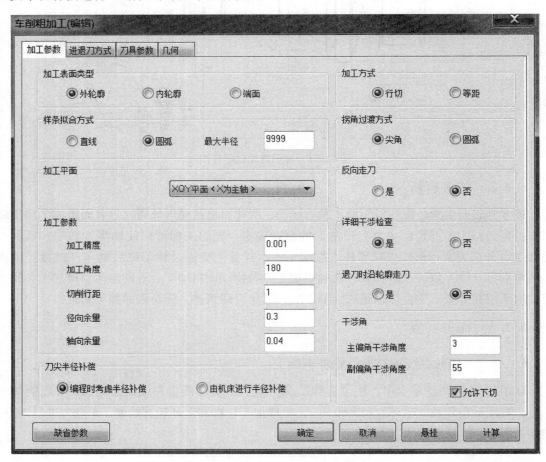

图 6 -53 右端外轮廓粗车加工参数设置

3. 每行相对毛坯及加工表面的进退刀方式为"垂直"，快速退刀距离"0.5"。

4. 选择 35°尖刀，刀尖半径设为"0.4"，主偏角"93"，副偏角"55"，刀具偏置方向为"左偏"，对刀点方式为"刀尖尖点"，刀片类型为"普通刀片"，如图 6 - 54 所示。

5. 设置进刀量 0.15 mm/rev，主轴转速 1 000 r/min。

6. 单击"确定"按钮退出对话框，采用限制链拾取方式，拾取被加工轮廓，单击右键，拾取毛坯轮廓，毛坯轮廓拾取完后，单击鼠标右键，拾取进退刀点 A，系统自动会生成刀具轨迹，如图 6 - 55 所示。

7. 在"数控车"选项卡中，单击"后置处理"面板中的"后置处理"按钮 **G**，弹出"后置处理"对话框，选择控制系统文件"Fanuc"，机床配置文件选择"数控车床_2x_

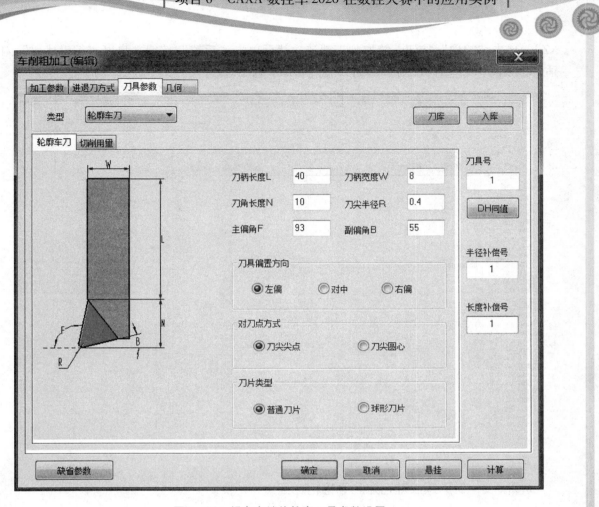

图 6-54 粗车右端外轮廓刀具参数设置

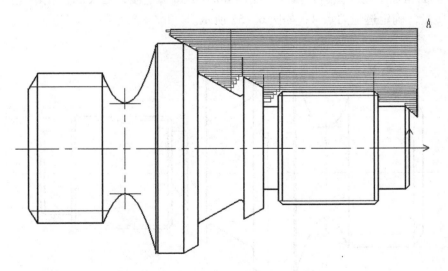

图 6-55 粗车右端外轮廓加工轨迹

XZ"，单击"拾取"按钮，拾取加工轨迹，然后单击"后置"按钮，弹出"编辑代码"对话框，如图 6-56 所示，生成零件外轮廓粗加工程序。

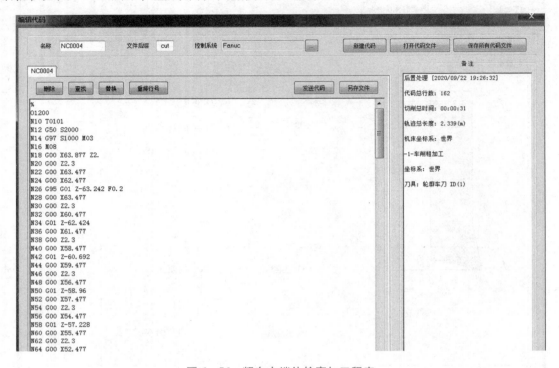

图 6-56　粗车右端外轮廓加工程序

6.2.3.2　梯形螺纹轴右端斜面槽粗加工

1. 对前面粗加工轮廓做适当修改，绘制 R0.6 的圆弧过渡，延长和优化槽轮廓线，保证切槽加工质量，确定进退刀点 A，如图 6-57 所示。

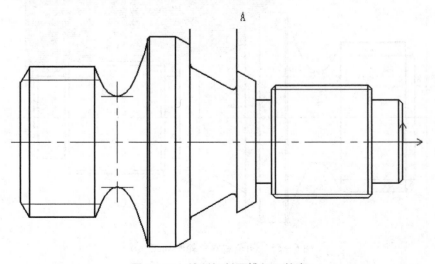

图 6-57　绘制切斜面槽加工轮廓

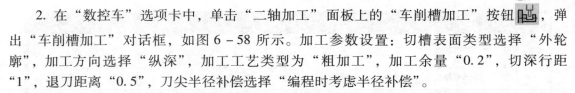

2. 在"数控车"选项卡中，单击"二轴加工"面板上的"车削槽加工"按钮，弹出"车削槽加工"对话框，如图 6 – 58 所示。加工参数设置：切槽表面类型选择"外轮廓"，加工方向选择"纵深"，加工工艺类型为"粗加工"，加工余量"0.2"，切深行距"1"，退刀距离"0.5"，刀尖半径补偿选择"编程时考虑半径补偿"。

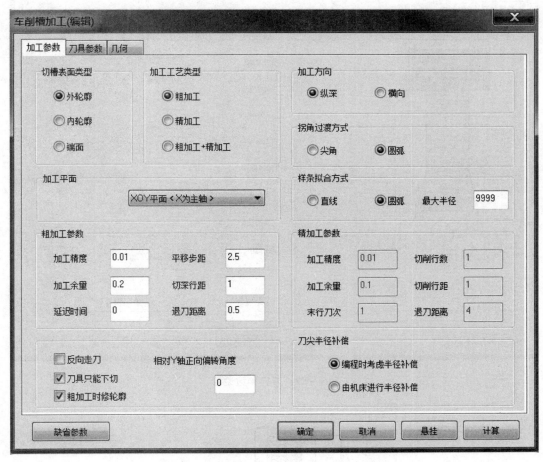

图 6 – 58　加工参数设置

3. 选择宽度为 3 mm 的切槽刀，将切槽刀刀刃磨成 30°，刀尖半径设为"0.2"，刀具位置"5"，编程刀位"前刀尖"，如图 6 – 59 所示。

4. 设置进刀量为 0.1 mm/rev，主轴转速为 800 r/min。

5. 单击"确定"按钮退出对话框，采用单个拾取方式，拾取被加工轮廓，单击右键，拾取进退刀点 A，生成切斜面槽粗加工轨迹，如图 6 – 60 所示。

6. 在"数控车"选项卡中，单击"后置处理"面板上的"后置处理"按钮 **G**，弹出"后置处理"对话框，选择控制系统文件"Fanuc"，机床配置文件选择"数控车床_2x_XZ"，单击"拾取"按钮，拾取加工轨迹，然后单击"后置"按钮，弹出"编辑代码"对话框，如图 6 – 61 所示，系统自动生成切斜面槽粗加工程序。

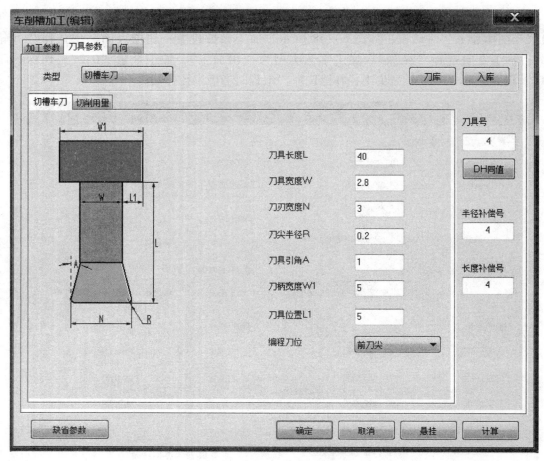

图 6-59　刀具参数设置

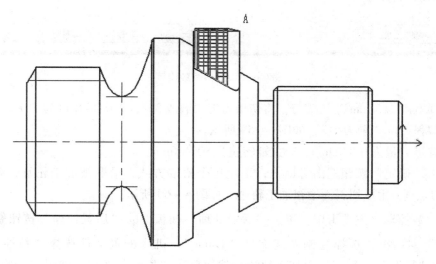

图 6-60　切斜面槽粗加工轨迹

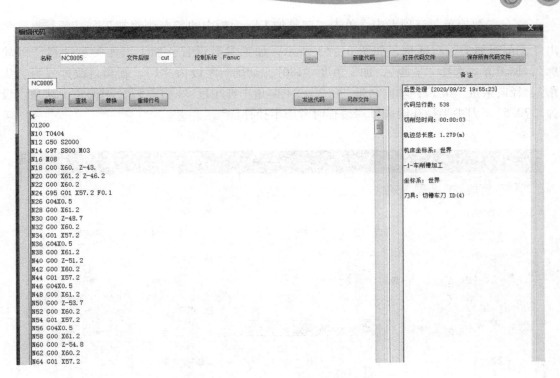

图 6 – 61　生成切斜面槽粗加工程序

6.2.3.3　梯形螺纹轴左端抛物线面粗加工

1. 在"常用"选项卡中，用"直线"和"延长"等功能将抛物线右侧延长，完成加工轮廓和毛坯轮廓绘制，*A* 点为进退刀点，结果如图 6 – 62 所示。

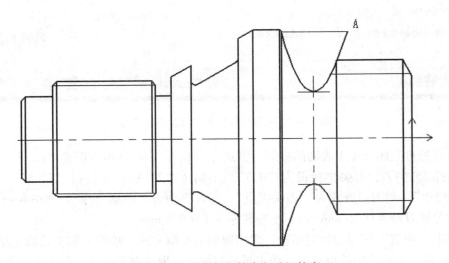

图 6 – 62　绘制加工轮廓和毛坯轮廓

2. 在"数控车"选项卡中，单击"二轴加工"面板中的"车削粗加工"按钮 ⬚，弹出"车削粗加工"对话框，如图 6 – 63 所示。加工参数设置：加工表面类型选择"外轮廓"，加工方式选择"等距"，加工角度"180"，切削行距设为"1"，拐角过渡方式为"尖角"，径向余量"0.2"，轴向余量"0.2"，主偏角干涉角度"– 17.5"，副偏角干涉角度设为"72.5"，刀尖半径补偿选择"编程时考虑半径补偿"。

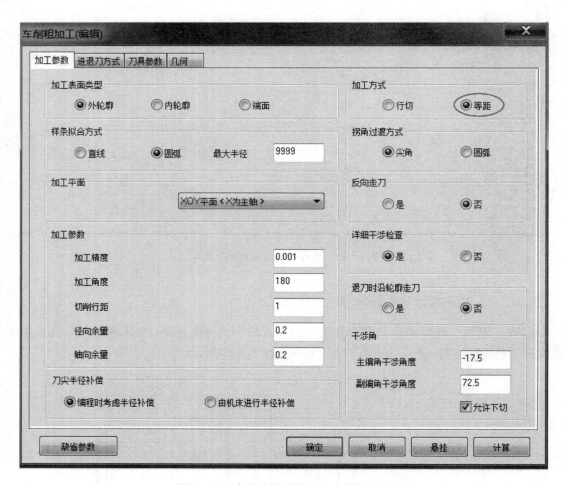

图 6 – 63　右端外轮廓粗车加工参数设置

3. 每行相对毛坯及加工表面的进退刀方式为"垂直"，快速退刀距离"0.5"。

4. 选择 35°尖刀，刀尖半径设为"0.3"，主偏角"72.5"，副偏角"72.5"，刀具偏置方向为"对中"，对刀点方式为"刀尖尖点"，刀片类型为"球形刀片"，如图 6 – 64 所示。

5. 设置进刀量为 0.15 mm/rev，主轴转速为 1 000 r/min。

6. 单击"确定"按钮退出对话框，采用限制链拾取方式，拾取被加工轮廓，单击右键，拾取毛坯轮廓，毛坯轮廓拾取完后，单击鼠标右键，拾取进退刀点 A，系统自动会生成刀路轨迹，如图 6 – 65 所示。

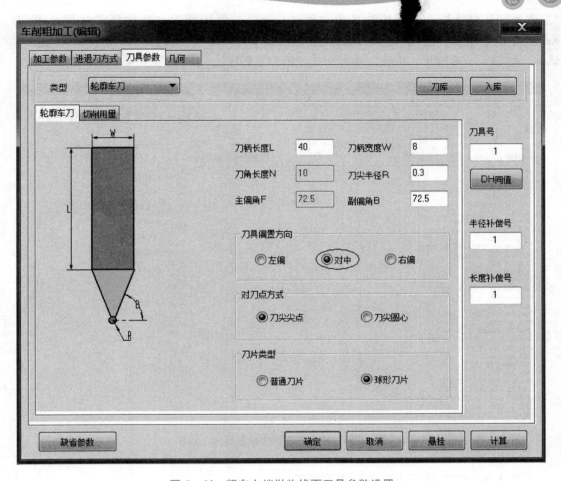

图 6-64　粗车左端抛物线面刀具参数设置

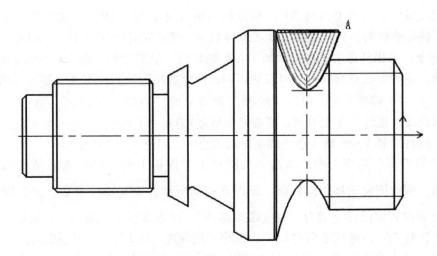

图 6-65　粗车左端抛物线面加工轨迹

7. 在"数控车"选项卡中，单击"后置处理"面板中的"后置处理"按钮 **G**，弹出

"后置处理"对话框，□□控制系统文件"Fanuc"，机床配置文件选择"数控车床_2x_ XZ"，单击"拾取"按□□，拾取加工轨迹，然后单击"后置"按钮，弹出"编辑代码"对话框，如图 6 - 66 所示，生成左端抛物线面粗加工程序。

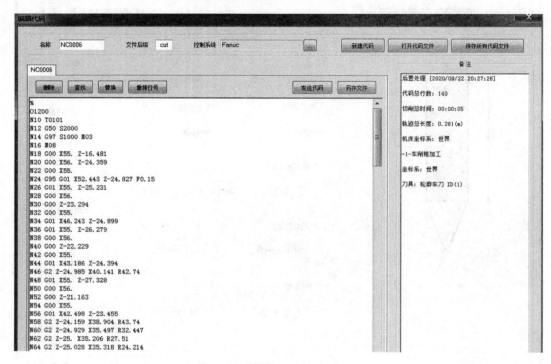

图 6 - 66   粗车左端抛物线面粗加工程序

6.2.3.4   梯形螺纹轴左梯形螺纹加工

梯形螺纹分米制（牙型角为 30°）和英制两种（牙型角为 29°），我国常采用米制梯形螺纹。加工梯形螺纹时，由于螺纹的加工深度较大，无法采用直进法加工。因此，梯形螺纹宜用 G76 指令，采用斜进法进行编程加工。车螺纹时，沿着牙型一侧平行的方向斜向进刀，直至牙底处。这种方法只有一侧刀刃参加切削，使排屑比较顺利，不易引起扎刀现象。

1. 在"常用"选项卡中，单击"绘图"面板上的"直线"按钮，在"立即"菜单中，选择两点线、连续、正交方式，捕捉螺纹线左端点，向左绘制 3 mm 到 B 点，捕捉螺纹线右端点，向右绘制 5 mm 到 A 点，确定进退刀点 A，如图 6 - 67 所示。

2. 在"数控车"选项卡中，单击"二轴加工"面板上的"螺纹固定循环加工"按钮，弹出"螺纹固定循环"对话框，如图 6 - 68 所示。设置螺纹参数：选择螺纹类型为"外螺纹"，螺纹固定循环类型为"复合螺纹循环"，拾取螺纹加工起点 A，拾取螺纹加工终点 B，螺纹节距"6"，螺纹牙高"3.5"，最小切削深度"0.2"，第一次切削深度"0.5"。

3. 单击"刀具参数"页，设置刀尖宽度"0.4"，如图 6 - 69 所示。单击"切削用量"页，设置进刀量为 0.15 mm/rev，选择"恒转速"，主轴转速设为 560 r/min，刀具角度 A 设置为"30"，刀具种类选择"梯形螺纹"。

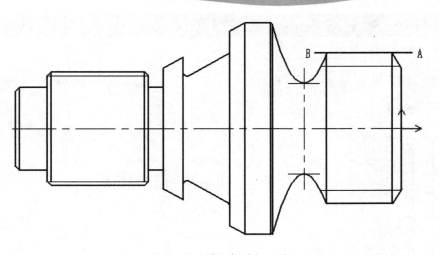

图 6 – 67　绘制螺纹加工线

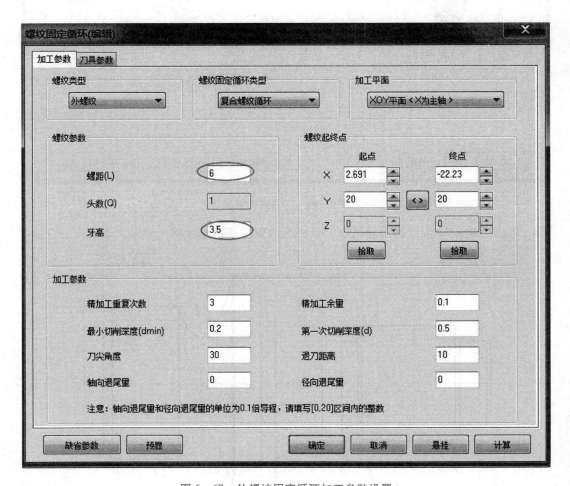

图 6 – 68　外螺纹固定循环加工参数设置

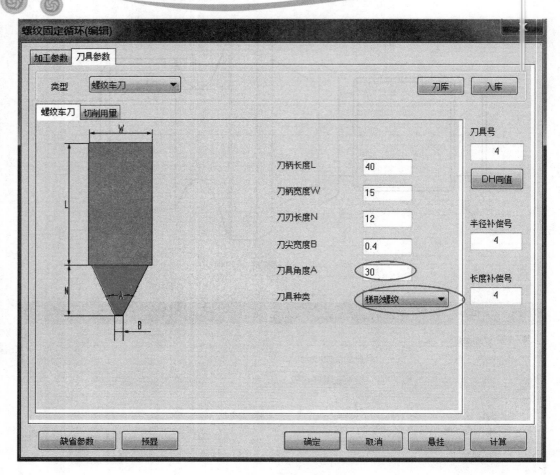

图 6-69　刀具参数设置

4. 单击"确定"按钮退出对话框，系统自动生成梯形螺纹加工轨迹，如图 6-70 所示。

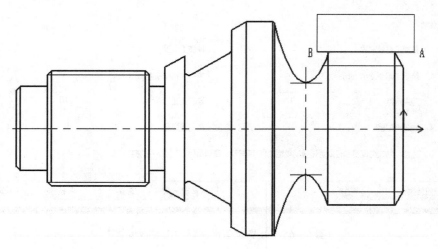

图 6-70　梯形螺纹加工轨迹

5. 在"数控车"选项卡中，单击"后置处理"面板上的"后置处理"按钮 **G**，弹出"后置处理"对话框，选择控制系统文件"Fanuc"，机床配置文件选择"数控车床_2x_XZ"，单击"拾取"按钮，拾取加工轨迹，然后单击"后置"按钮，弹出"编辑代码"对话框，系统自动生成梯形螺纹加工程序，如图 6 – 71 所示。

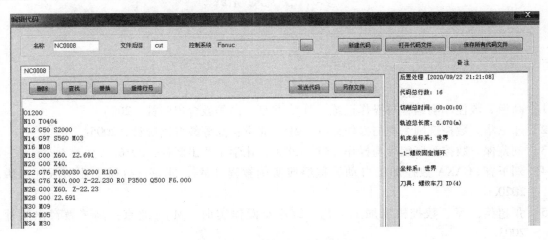

图 6 – 71　梯形螺纹加工程序

梯形螺纹加工程序中用 G76 复合螺纹循环指令，指令格式解释如下。

G76　P030030 Q200　R100;

G76　X40　Z – 22.23　R0　P3500　Q500　F6;

第一行：P030030，03 为精加工重复次数，00 为刀尖角度，0300 和 30 用地址 P 同时指定；Q 是每次吃刀量（单位微米）；R 是精车余量，半径值。

第二行：(X, Z) 是目标点坐标；R 是螺纹编程的螺纹起点与终点的半径差；P 是牙型高（单位 μm）；Q 是第一刀的吃刀量（单位 μm）；F 是螺距。螺纹的有效长度是 Z，编程时要放长 2 ~ 5 mm。

6.2.4　课堂练习

完成图 6 – 72 所示的梯形内螺纹轴零件的粗加工程序编制。材料为 45 号钢，毛坯为 $\phi 80$ mm 的棒料。

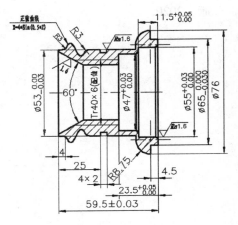

图 6 – 72　梯形内螺纹轴零件图

参 考 文 献

［1］高枫．数控车削编程与操作训练［M］．北京：高等教育出版社，2005.

［2］郑书华．数控铣削编程与操作训练［M］．北京：高等教育出版社，2005.

［3］刘蔡保．数控车床编程与操作［M］．北京：化学工业出版社，2016.

［4］刘玉春．CAXA 数控加工自动编程经典实例教程［M］．北京：机械工业出版社出版，2020.

［5］张超英，等．数控机床加工工艺、编程及操作实训［M］．北京：高等教育出版社，2003.

［6］刘玉春．CAXA 制造工程师 2016 项目案例教程［M］．北京：化学工业出版社，2019.

［7］刘玉春．数控编程技术项目教程［M］．北京：机械工业出版社，2016.

［8］刘玉春．CAXA 数控车 2015 项目案例教程［M］．北京：化学工业出版社出版，2018.

［9］刘玉春．CAXA CAM 数控车削加工自动编程经典实例［M］．北京：化学工业出版社出版，2020.